TERRITOIRES ZERO WASTE

12, rue du Moulin-Joly 75011 Paris
www.ruedelechiquier.net
ISBN : 978-2-37425-161-5
Dépôt légal : juin 2019

FLORE BERLINGEN • LAURA CHÂTEL • THIBAULT TURCHET

TERRITOIRES ZERO WASTE

Guide pratique pour révolutionner la gestion locale des déchets

ZERO WASTE FRANCE

Rue de l'échiquier

Sommaire

La plupart des acronymes utilisés sont expliqués en fin d'ouvrage.

Préface

NOUS DEVONS RÉVOLUTIONNER LA POLITIQUE LOCALE DE GESTION DES DÉCHETS !

Publié au sein du Guide pratique pour révolutionner la gestion locale des déchets *un peu moins d'un an avant les élections municipales, ce texte est un appel à changer notre regard sur le thème de la gestion de nos déchets. Il appelle à faire de la démarche Zéro Déchet un pan important des politiques publiques locales, ainsi qu'un sujet de débat lors des échéances électorales à venir. Il a été signé par des élus locaux engagés sur cette thématique, issus de familles politiques et de territoires divers.*

La politique locale de gestion des déchets souffre depuis trop longtemps d'une approche strictement gestionnaire. Dans l'après-guerre et tout au long de la seconde partie du XXe siècle, les communes puis les intercommunalités ont tenté de s'acquitter au mieux d'une charge peu valorisante, celle de maîtriser une nuisance considérée comme inéluctable et liée à l'augmentation de notre niveau de vie. On cherchait alors les « moins pires » des solutions.

Cette approche a évolué dans le courant des années 1990, avec le développement du tri et du recyclage et, surtout, depuis la dernière décennie, avec l'arrivée des premiers programmes locaux de prévention des déchets, dont l'objectif est de limiter en amont la production de déchets plutôt que de gérer ensuite les flux d'ordures. Cependant, le fonctionnement classique du service public de collecte et de gestion des déchets restait – et reste encore à ce jour – trop souvent inchangé. D'un point de vue budgétaire et humain, l'essentiel des ressources continue d'être consacré à la collecte et au traitement des déchets. Surtout, le service déchets agit en général de manière très indépendante des autres services de la collectivité, avec l'objectif d'être le plus discret possible.

La prise en charge des déchets ne doit pas perturber les autres activités de la cité, ni coûter trop cher. Elle est considérée comme réussie dès lors que la ville est propre, et que les exutoires polluants sont correctement exploités, à distance raisonnable des habitations. Autrement dit, le meilleur déchet est celui qu'on ne voit pas. On la perçoit – à tort – comme écologique dès lors que l'on réussit à transformer l'incinérateur en centre de valorisation énergétique et que le taux de recyclage atteint un certain seuil. Autrement dit, le meilleur déchet est celui qui est recyclé ou « valorisé ».

Nous croyons au contraire que la politique déchets doit être visible et changer de perspective, pour s'affirmer comme le moteur d'un projet territorial à part entière. Nous entendons rompre avec la recherche de la « moins pire » des solutions, pour construire un système dont le point de départ n'est pas la maîtrise d'une nuisance, mais la recherche du meilleur moyen de préserver une ressource existante. Ainsi, avant de chercher à faire de nos déchets des ressources, notre priorité est de ne pas transformer nos ressources en déchets. Autrement dit, le meilleur déchet est celui qu'on ne produit pas.

En France et ailleurs dans le monde, des agents, des citoyens et des élus, dont nous faisons partie, travaillent d'ores et déjà à concrétiser la philosophie Zero Waste à l'échelle de politiques territoriales concrètes. Ces politiques sont transversales et revêtent de multiples dimensions. Elles impliquent d'encourager l'émergence de nouveaux modes de consommation et la création d'activités locales d'économie circulaire. Elles supposent de généraliser le tri à la source des matières, à commencer par nos déchets alimentaires, de réduire l'énergie grise et le « sac à dos écologique » de la consommation, de récompenser les comportements vertueux des citoyens ou des entreprises, de mettre en cohérence l'ensemble des politiques de la collectivité, notamment les achats publics, avec l'objectif affiché. Et bien sûr, il s'agit de mobiliser, de sensibiliser, d'impliquer un public toujours plus large dans la démarche.

Engagés depuis plusieurs années dans le déploiement, l'accompagnement et la diffusion de ces politiques, nous avons pu constater leur effet d'entraînement sur l'ensemble du territoire. Nous sommes témoins de l'engouement des habitants et autres usagers, lorsqu'une nouvelle solution leur est proposée, qui combine bons sens écologique et économique. Nous en observons déjà les bénéfices additionnels, au-delà de l'intérêt environnemental : amélioration du cadre de vie, avantages pour la santé de certaines nouvelles pratiques de consommation, synergies avec les objectifs des autres politiques locales (mobilité, scolarité, propreté, construction, développement économique), animation du territoire.

Qu'elles s'affichent ou non sous la bannière du « Zéro Déchet, zéro gaspillage » ou de l'économie circulaire, cette vision et la démarche qui en découle relèvent d'un choix politique. Elles impliquent en effet des remises en question, des arbitrages financiers importants, une implication forte de la part des élus locaux, sur le long terme. Si la mise en œuvre de certaines de ces décisions restera d'ordre technique et bénéficiera d'ailleurs de nombreux retours d'expérience, l'impulsion ne peut être donnée uniquement par les agents d'une collectivité, même les mieux formés. Il leur faut le soutien des habitants et de leurs représentants.

La période électorale qui s'amorce est donc l'occasion de mettre ces choix au débat public, et de faire des prochains mandats locaux une période de transition nette vers le Zéro Déchet. Six années sont suffisantes pour inverser la tendance. Il s'agit non seulement de faire face urgemment et avec responsabilité à la crise environnementale actuelle, mais aussi de saisir cette extraordinaire occasion de créer plus de liens, de bien-être, de valeur et de résilience sur nos territoires.

Émeline Baume (conseillère déléguée aux déchets de la métropole de Lyon), Françoise Galliou (3e vice-présidente du Sybert, en charge de la prévention), Alexandre Garcin (adjoint au maire de Roubaix, délégué au Développement durable), Christine Gardan (présidente du Smictom des pays de Vilaine), Sylvain Guinaudie (président du SMICVAL libournais Haute-Gironde), Antoinette Guhl (adjointe à la mairie de Paris, chargée de l'Économie sociale et solidaire, de l'Innovation sociale et de l'Économie circulaire), Michel Knoerr (président du syndicat mixte Thann Cernay), François Marchetti (président de la communauté de communes de Calvi-Balagne), Alain Marois (président du réseau Compostplus), Matthieu Orphelin (député de la 1re circonscription du Maine-et-Loire), Nicolas Soret (président du Syndicat des déchets du Centre-Yonne et président de la commission déchets de l'association des maires de France) et Frédéric Vigouroux (maire de Miramas).

Introduction

LA DÉMARCHE ZERO WASTE, UN PROJET TERRITORIAL

Le « Zéro Déchet » ou « Zero Waste » a connu une progression considérable ces dernières années, au point de s'imposer comme un mot d'ordre dans le quotidien de nombreuses familles, désireuses de réduire leur production de déchets et l'impact environnemental qui en résulte. Mais, loin de se limiter à la sphère privée ou entrepreneuriale, le Zero Waste est aussi un projet politique. Celui-ci acquiert tout son sens quand il est mené à l'échelle locale, où sont prises les décisions relatives à la gestion des déchets qui influent, par extension, sur la consommation des ressources.

Dans ce domaine, depuis une dizaine d'années, des territoires pionniers ont ouvert la voie en France et en Europe : Trévise et Capannori en Italie, Besançon et Roubaix en France… Si aucun de ces territoires n'est encore parvenu à produire *zéro* déchet, leur capacité d'innovation et leurs résultats impressionnants en font sans nul doute des sources d'inspiration. Surtout, ils illustrent à merveille l'une des devises de la démarche Zero Waste : « Toujours contents, jamais satisfaits ». En d'autres termes : célébrons les succès obtenus… mais sans nous arrêter en si bon chemin !

Une définition de la démarche Zero Waste territoriale

Le présent ouvrage a pour objectif de décrire les principes, la mise en œuvre et les résultats de la démarche Zero Waste appliquée à l'échelle locale. En première approche, il est possible de retenir quatre caractéristiques pour la définir et éventuellement la distinguer d'autres démarches :

Elle vise la réduction de tous les déchets

Son objectif est simple : réduire la production de tous les flux de déchets, y compris les recyclables, afin de préserver au mieux les ressources des territoires et les pollutions induites par les activités de production sur l'ensemble de la planète.

Elle est collective et globale

Projet territorial à part entière, la démarche Zero Waste implique non seulement les acteurs traditionnels – publics et privés – de la gestion des déchets, mais aussi tous ceux qui, au sein d'une collectivité locale ou main dans la main avec elle, ont la possibilité d'agir sur la production de déchets et leur devenir. Pour être efficace, elle doit être généralisée et pensée de manière globale.

Elle est révolutionnaire

Au sens d'une transformation profonde, sur un temps limité et impliquant une remise en question des habitudes et organisations établies – dont celle du service public de gestion des déchets –, la démarche Zero Waste peut représenter une véritable révolution locale. Le virage qualitatif qu'elle suppose peut intervenir après un électrochoc (une pollution environnementale, par exemple), face à une échéance urgente (l'arrivée en fin de vie d'une usine ou la saturation d'une décharge), ou encore être le fruit d'un travail de sensibilisation intense et sans relâche.

Elle exige de l'audace

S'engager dans la démarche Zero Waste, c'est décider d'emprunter un chemin à la fois balisé, inexploré et sans fin ! Les nombreux retours d'expérience disponibles – dont ceux présentés plus loin – permettent de lancer très rapidement certains chantiers incontournables, sans risquer de faire de graves erreurs. Pour les assembler et aller encore plus loin, il faudra cependant relever sans cesse son niveau d'ambition, accepter d'expérimenter et de se tromper, de se rapprocher de l'objectif sans jamais l'atteindre pleinement.

Pourquoi se lancer dans l'aventure ?

Si elles naissent souvent d'une prise de conscience de l'urgence d'agir face à ces enjeux environnementaux, les motivations à initier ou à poursuivre une démarche Zero Waste à l'échelle territoriale peuvent aussi être économiques et sociales. La création d'emplois et d'activités locales et fortes de sens constitue en effet une dimension non négligeable de la mise en œuvre locale de la démarche.

La nécessité pour les collectivités de maîtriser, voire de réduire certains coûts renforce aussi la pertinence et l'urgence de s'engager dans cette voie, les dépenses entraînées par la gestion des déchets ayant été multipliées par plus de quatre en France depuis le début des années 1990[1].

Les résultats affichés par les territoires pionniers en la matière donnent une idée de ce que l'on peut attendre d'une approche ambitieuse. La province de Trévise, en Italie, est ainsi descendue à 52 kg de déchets résiduels par an et par habitant en 2015 (contre 261 kg par an et par habitant en moyenne en France[2]) et poursuit depuis ses efforts ; en France, une centaine de collectivités locales ont réussi à diminuer leur production de déchets résiduels au-dessous de 150 kg par habitant, et une vingtaine d'entre elles sont même en dessous de 100 kg[3].

La réussite de la démarche se traduit à la fois par la réduction des déchets et des coûts associés, et laisse souvent observer des changements rapides. La révolution peut se dérouler dans l'espace-temps d'un mandat local : ce fut le cas pour la ville de Parme (Italie), de 2012 à 2016. En quatre ans, la quantité de déchets résiduels a chuté de près de 60 % (283 kg en 2011, 117 kg en 2016) grâce à une très forte augmentation de la collecte séparée et aux efforts de prévention menés par l'équipe municipale.

---

1. Agence de l'environnement et de la maîtrise de l'énergie (Ademe), *Déchets. Chiffres-clés*, 2017. L'Ademe est un établissement public d'État, à caractère industriel et commercial. Parmi ses nombreuses activités, elle pilote et finance des projets, conduit des recherches et collecte des données.

2. Ademe, *Déchets. Chiffres-clés*, 2018, p. 11.

3. Voir l'enquête menée par Zero Waste France « Quelles intercommunalités françaises produisent le moins de déchets ? », www.zerowastefrance.org/enquete-intercommunalites-performantes.

Une opportunité à saisir

Le choix de publier ce livre un an avant les élections municipales n'est pas dû à un hasard. S'il s'adresse bien sûr à l'ensemble des personnes souhaitant mieux comprendre ce qui constitue une démarche Zero Waste à l'échelle locale, il est tout particulièrement destiné aux candidats, aux élus locaux et à tous ceux (techniciens, électeurs, amis…) qui les accompagnent et les conseillent.

Nous espérons que cet ouvrage, tout en transmettant des clés concrètes pour agir, fera naître de l'enthousiasme, des vocations et une créativité renouvelée dans les territoires, autour d'un sujet parfois encore réduit à sa dimension de salubrité ou de maîtrise d'une nuisance, là où il touche au contraire aux modes de vie et aux habitudes de consommation, à la création d'emplois locaux et de valeur, à l'amélioration du cadre de vie, etc.

D'expérience, de créativité et d'énergie, de nombreux territoires sont déjà riches : il faut aujourd'hui essaimer, dupliquer, déployer… bref, faire connaître ces projets et ces méthodes qui fonctionnent déjà dans de nombreux endroits.

LES 9 CHANTIERS POUR ENGAGER SON TERRITOIRE SUR LA VOIE DU ZERO WASTE

ou les incontournables d'une politique Zéro Déchet

Avant d'aborder les grands chantiers à lancer sur le terrain, analysons un instant la réglementation en vigueur. Ces dernières années, le cadre juridique renforce globalement les obligations de moyens et de résultats propres à une démarche Zéro Déchet. En particulier, le fil qui guide en théorie et en pratique l'action est la fameuse « hiérarchie des modes de traitement » des déchets[4]. Elle constitue le socle de toute politique de gestion des déchets, locale ou nationale, en réaffirmant en droit la préséance de la réduction à la source, de la réutilisation et du recyclage. Les juridictions françaises en reconnaissent de plus en plus fréquemment la vigueur juridique, ce qui laisse augurer d'intéressants développements à venir concernant la hiérarchisation des différents soutiens financiers des acteurs publics, l'adéquation des usines d'incinération et des décharges aux gisements à traiter, ou encore la justification de mesures fortes comme des interdictions ou des mesures d'éco-conception[5] (restrictions sur les objets jetables, recyclabilité des matériaux).

Le cadre juridique global est donc aujourd'hui un allié qui permet de créer un objectif commun et du consensus pour, *in fine*, justifier et multiplier les projets de terrain. D'une part, certaines actions structurelles permettent de progresser rapidement (gestion séparée des biodéchets, tarification incitative). D'autre part, des actions ciblées de plus long terme permettent un approfondissement, au regard des déchets produits et notamment de ceux recensés dans les caractérisations des ordures résiduelles. Il en va ainsi des projets visant à réduire le jetable (textiles sanitaires et plastiques), ou des actions de communication.

Cette partie identifie les chantiers les plus importants à enclencher et approfondir localement, et donne des clés pour agir à partir de retours d'expérience documentés.

---

4. Visée à l'article L541-1 II du Code de l'environnement.

5. Voir par exemple TA Clermont-Ferrand, 5 mai 2009, n° 081720 ; CAA Bordeaux, 12 décembre 2017, n° 17BX01387 ; CE, 30 mai 2018, n° 406667 ; CE, 28 décembre 2018, n° 404792.

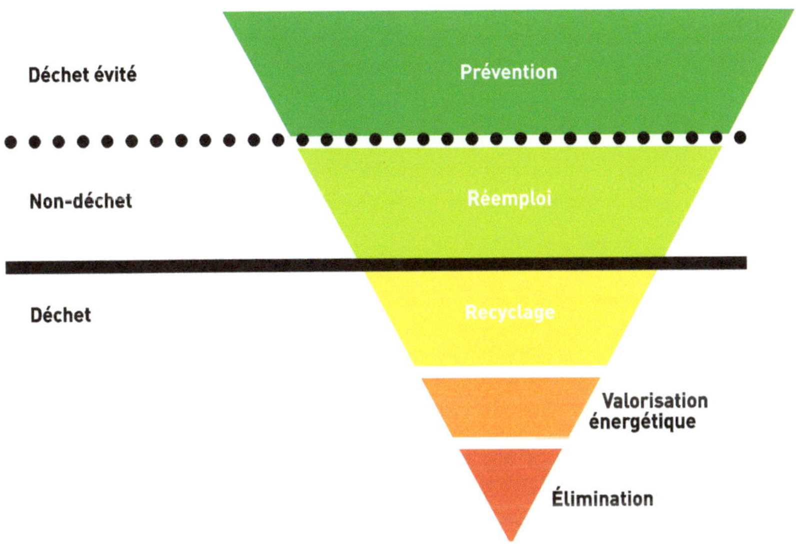

La hiérarchie des modes de traitement des déchets.

CHANTIER N° 1

S'ATTAQUER AU PLASTIQUE ET AUX EMBALLAGES JETABLES

Interrogez vos voisins ou vos collègues à propos des déchets : il y a fort à parier que les termes « plastiques » et « emballages » apparaîtront rapidement dans la conversation. Et pour cause, en France, les quantités d'emballages jetables en plastique produites ont encore augmenté depuis 2013[6]. En plus d'occuper environ la moitié de la poubelle des ménages en volume, ils sont de plus en plus visibles et problématiques dans l'espace public. En effet, l'essor de la vente à emporter et de la restauration rapide dans les villes entraîne une augmentation des emballages jetables consommés hors domicile, qui pèsent lourd sur le budget des collectivités… et sur l'environnement.

Plastiques, emballages : la folie de l'usage unique

La consommation de plastique a été multipliée par 20 dans le monde au cours des cinquante dernières années, et seuls 9 % de ce volume ont été recyclés[7]. La tendance ne faiblit pas : selon les prévisions des industriels, la production mondiale de plastique serait même appelée à quadrupler d'ici 2050 ! Du fait du recours massif à l'usage unique, en France comme dans le monde, le secteur de l'emballage est le premier consommateur de matière plastique, et le premier producteur de ce type de déchets[8]. Promu comme la solution au problème de l'accumulation des déchets, le recyclage montre

6. Selon l'organisme Elipso, représentant des entreprises de l'emballage plastique en France, « la production d'emballages plastiques augmente depuis l'été 2013, avec une croissance de 2,4 % en 2016, et une accélération au premier semestre 2017 : + 3,5 % ». www.elipso.org/quelques-chiffres/

7. Roland Geyer, Jenna R. Jambeck et Kara Lavender Law, « Production, use, and fate of all plastics ever made », *Science Advances*, 19 juillet 2017.

8. Parmi les unités d'emballages mises sur le marché en France, 55 % sont en plastique. Conséquence logique, les emballages sont responsables de près de 60 % de l'ensemble des déchets plastiques produits chaque année en France. Denkstatt, *The Potential for Plastic Packaging to Contribute to a Circular and Resource-efficient Economy*, Identiplast, 2015.

ses limites en la matière. Les caractéristiques intrinsèques au plastique en font une matière complexe à recycler : environ 50 % des emballages plastiques ménagers mis actuellement sur le marché ne sont ainsi pas ou peu recyclables[9]. Et quand ils sont effectivement recyclés, il s'agit bien souvent de *downcycling*, c'est-à-dire que la matière n'est pas utilisée pour le même usage qu'auparavant et ne pourra pas être de nouveau recyclée.

Par ailleurs, nos systèmes modernes et occidentaux de collecte et de gestion des déchets n'empêchent pas qu'une partie des déchets plastiques terminent leur course dans l'environnement. L'Europe déverse ainsi entre 150 000 et 500 000 tonnes de déchets plastiques dans la mer chaque année[10]. L'abandon volontaire de ces plastiques dans la nature, mais aussi leur envol ou l'évacuation dans les eaux usées de micro-plastiques présents dans les vêtements et les cosmétiques entraînent une accumulation de cette substance dans l'environnement. On estime ainsi que 80 % de l'ensemble des plastiques produits dans le monde ces cinquante dernières années sont aujourd'hui présents dans la nature, stockés dans les sols, dans les cours d'eau ou dans le milieu marin[11]. Loin de se matérialiser uniquement en un lointain « continent de plastique », la pollution plastique affecte directement les territoires. Au-delà de la pollution visuelle, en s'accumulant dans les sols et dans les nappes phréatiques, les micro-plastiques intègrent rapidement notre environnement proche et notre alimentation.

Pour une collectivité, limiter les emballages jetables suppose de recourir à deux moyens d'action, complémentaires l'un de l'autre. D'une part, encadrer, voire interdire l'usage du jetable partout où cela est possible. D'autre part, faciliter et rendre

9. Le recyclage est parfois techniquement possible mais difficile à mettre en œuvre à cause de la complexité du tri, de la massification des flux, du manque de débouchés ou des coûts trop élevés.

10. « Une stratégie européenne sur les matières plastiques dans une économie circulaire », communication de la Commission européenne, janvier 2018, p. 5. www.ec.europa.eu/transparency/regdoc/rep/1/2018/FR/COM-2018-28-F1-FR-MAIN-PART-1.PDF

11. « Production, use, and fate of all plastics ever made », *Science Advances*, juillet 2017.

accessibles au plus grand nombre les emballages réutilisables. C'est grâce à l'articulation de ces deux leviers que les initiatives de réduction du jetable pourront changer d'échelle et que la place qu'occupe aujourd'hui l'usage unique dans notre société pourra être véritablement repensée.

Limiter le jetable partout où cela est possible

Tour à tour acheteuse, donneuse d'ordre ou encore gestionnaire du domaine public, une collectivité dispose de nombreux moyens directs ou indirects pour limiter, et parfois interdire, l'usage d'emballages et de produits jetables.

Supprimer l'usage unique dans les administrations

Gobelets, capsules à café, bouteilles d'eau... les administrations et structures publiques (écoles, bâtiments administratifs, bibliothèques, offices de tourisme) ont généralement pris les mêmes habitudes que le reste de la société en multipliant les emballages jetables pour simplifier la vie quotidienne au travail. Assurer le basculement vers du réutilisable (service de vaisselle à laver, cafetières à piston ou machine à café qui accepte les mugs, carafes d'eau...) dans ces structures qui relèvent de la responsabilité de la collectivité est donc une première étape, avant de généraliser cette politique. Cela suppose de remettre à plat la politique d'achat de la ville pour supprimer le jetable (voir le chantier n° 8) et d'investir dans de nouveaux équipements. Aussi simple qu'elle paraisse, cette démarche suppose une bonne anticipation puisqu'elle modifie les habitudes quotidiennes et implique un surcroît de tâches pouvant être perçu comme une contrainte ou comme une perte de temps si ses motivations n'ont pas été partagées au point d'être appropriées par l'ensemble des personnes concernées. Sur l'île de La Réunion, la communauté d'agglomération du territoire de la côte ouest (TCO) a ainsi décidé en 2011 de supprimer les gobelets jetables et les bouteilles d'eau. Les salles de réunion ont été équipées de vaisselle réutilisable et une tasse a été distribuée à tous les agents. Entre 2011 et 2012, le nombre de gobelets jetables commandés par la collectivité est passé de 76 500 à 4 000. En 2013, les agents ont également été invités à faire don à la collectivité d'une ou plusieurs tasses inutilisées chez eux pour constituer un stock « tampon » susceptible de servir pour les réunions ou les invités[12].

Limiter le jetable dans l'événementiel, le tourisme ou encore la restauration

Sans être acheteuse ou donneuse d'ordre, une collectivité peut également contribuer à limiter le jetable dans d'autres secteurs. Ainsi, pour toucher les organisateurs d'événements, il est possible d'adopter une charte qui conditionne l'attribution de subventions ou l'autorisation d'occupation du domaine public au respect de certains principes, comme l'utilisation de vaisselle réutilisable ou l'interdiction des *flyers*. En tant que gestionnaires du domaine public, les communes peuvent réglementer les conditions d'occupation de ces espaces, en interdisant par exemple l'usage de gobelets jetables sur les terrasses ou dans les zones touristiques. Aux États-Unis, la ville de San Francisco a interdit les bouteilles d'eau dans tous les événements organisés dans l'espace public ou bénéficiant d'un soutien financier de la part de la ville.

Interdire le jetable sur son territoire, est-ce possible ?

Il n'est juridiquement pas possible d'interdire de façon générale sur le territoire communal la vente ou la distribution d'un objet jetable, mais les collectivités locales bénéficient de deux outils leur permettant d'encadrer l'utilisation de ces produits sur le domaine public. D'une part, les collectivités peuvent renforcer les dispositions de leur règlement d'occupation du domaine public (document général et générique) ainsi que les autorisations individuellement délivrées aux occupants habituels (commerces, restaurants) ou ponctuels (festivités diverses) pour proscrire l'utilisation de certains objets, par exemple les gobelets jetables. D'autre part, elles peuvent imposer des interdictions ponctuelles dans le cadre d'arrêtés déterminant le déroulement de manifestations sur la voie

12. Ademe, Fiche Optigede, « Suppression des gobelets jetables et des bouteilles d'eau », www.optigede.ademe.fr/pdf/13623.

publique. Ainsi, en 2017, la ville de Rennes a pris à l'occasion de la Fête de la musique un arrêté interdisant l'utilisation de gobelets en plastique jetable sur le domaine public. En 2018, la ville de Tournai, en Belgique, a pour sa part modifié le règlement général de police de la ville pour interdire aux cafetiers l'usage de gobelets en plastique jetable sur les terrasses.
Par ailleurs, certaines interdictions sont d'ores et déjà prévues au niveau national ou européen. Ainsi, d'ici l'été 2021 au plus tard, les pailles, couverts, assiettes, touillettes, boîtes et gobelets en polystyrène expansé seront interdits partout en Europe[13]. En France, l'interdiction des bouteilles d'eau et des barquettes en plastique dans les cantines scolaires est par ailleurs prévue, respectivement d'ici 2020 et 2025[14].

Rendre possibles d'autres solutions

Depuis quelques années, les initiatives qui offrent des solutions de rechange aux emballages jetables se multiplient, portées par une demande forte des consommateurs, de plus en plus sensibles à la problématique des déchets et pollutions plastiques. Pour des territoires Zero Waste, l'enjeu est désormais de faire changer d'échelle ces expériences et ces modes de consommation alternatifs en les rendant accessibles au plus grand nombre.

Faciliter l'accès à l'eau potable

Remplacer les bouteilles plastiques à usage unique par des gourdes réutilisables est l'une des premières actions entreprises par les citoyens soucieux de limiter les emballages. Encore faut-il que l'accès à l'eau potable soit possible en dehors du domicile. Installer des points d'eau reliés au réseau dans les zones stratégiques (campus universitaires, zones

13. Voir la directive relative à la réduction de l'incidence sur l'environnement de certains produits en plastique.
14. Article 28, loi n° 2018-938 du 30 octobre 2018 pour l'équilibre des relations commerciales dans le secteur agricole et alimentaire et une alimentation saine, durable et accessible à tous. Ces interdictions sont susceptibles d'évoluer avec la loi Économie circulaire qui doit être débattue en 2019.

Une *casa dell acqua* à Vimercate, en Italie.

touristiques, abords des gares…) ou remettre aux normes des fontaines traditionnelles, souvent stratégiquement placées au cœur des villages, peut limiter la consommation de bouteilles et les déchets qui en résultent. Plusieurs villes, comme Paris ou San Francisco, ont élaboré des cartes papier ou Web qui indiquent les principaux points d'eau potable. Ces cartes peuvent être distribuées de manière ciblée aux touristes et vacanciers de passage ou aux nouveaux étudiants à la rentrée. La ville de Paris répertorie ainsi sur une carte en ligne toutes les fontaines d'eau potable, y compris des points distribuant de l'eau pétillante[15]. En Italie, pour valoriser le réseau d'eau potable, certaines communes accueillent des *casa dell acqua*[16] : exploités par une entreprise privée, ces kiosques de distribution proposent de l'eau filtrée, fraîche, pétillante ou non, au verre ou à la bouteille. Pour l'eau gazeuse, le service est payant, ce qui est perçu comme un gage de qualité, mais se révèle nettement moins cher que l'achat de bouteilles en supermarché, incitant ainsi les habitants habitués à l'achat de bouteilles à se fournir auprès du kiosque.

Soutenir le développement de la vente en vrac

Les pratiques d'achat sans emballage jetable connaissent un fort développement depuis quelques années et l'offre se diversifie pour devenir de plus en plus accessible à tous types de consommateurs. En France, le Réseau Vrac fédère les professionnels du secteur (fournisseurs, créateurs de meubles, épiciers…) et favorise l'ouverture d'un nombre croissant de points de vente en France.

Pour soutenir ce développement, les collectivités peuvent faciliter l'accès au foncier *via* la mobilisation de leurs structures de gestion foncière, et autres grands bailleurs locaux. Elles peuvent également mettre en œuvre des modalités préférentielles de financement. En effet, l'ouverture d'une épicerie nécessite en général l'investissement de plusieurs dizaines de milliers d'euros (pour les travaux, le mobilier…) et un apport de trésorerie initial pour l'achat de stock. Par le biais de garanties bancaires, de prêts ou d'avances remboursables à taux zéro, les collectivités peuvent faciliter l'accès au crédit des porteurs de projet, qui compléteront leur besoin auprès des banques, rassurées par la présence

15. www.eaudeparis.fr/carte-des-fontaines/
16. www.casedellacqua.net/

d'une collectivité. En 2018, la mairie de Paris a ainsi lancé un appel à projets spécifique : « Ouverture de commerces circulaires : magasins 100 % vrac et ateliers de réparation ». La collectivité peut jouer un rôle sur le plan de la communication institutionnelle en répertoriant des projets à partir de critères objectifs (cartographies des « commerçants Zéro Déchet », comme à Roubaix par exemple[17]). L'invitation des épiciers à des événements publics ou à des conférences en lien avec l'environnement, pour leur permettre de témoigner et de se faire connaître, est également un bon relais.

Les commerces de proximité traditionnels comme les traiteurs ou les artisans boulangers ne doivent pas non plus être ignorés. Si la vente s'effectue aujourd'hui en majorité dans des emballages jetables, la préparation des aliments est assurée sur place, ce qui permet à ces commerces de servir leurs clients directement dans leurs contenants si ceux-ci les apportent. Pour encourager la pratique auprès des commerçants et des consommateurs, des collectivités et des groupes de citoyens volontaires

Un autocollant « Zéro Déchet » sur la vitrine d'un commerçant.

---

17. www.roubaixzerodechet.fr/

proposent aux commerces d'apposer un autocollant visible sur leur vitrine indiquant qu'ils acceptent les contenants réutilisables des clients.

Le réseau des groupes locaux de Zero Waste France est particulièrement actif dans ce domaine. En 2018, une quinzaine d'entre eux ont mené la campagne Mon commerçant Zéro Déchet, ce qui a permis de former plus de 300 bénévoles et citoyens et d'impliquer plus de 1 000 commerçants de proximité. À Lyon, fin 2018, 138 commerces étaient référencés grâce à Zéro Déchet Lyon, qui organise des « marathons » de sensibilisation avec ses bénévoles. Cent vingt commerces sont identifiés à Strasbourg, une cinquantaine à Vence (Alpes-Maritimes) et 145 à Lille. Pour aller plus loin, les commerçants peuvent également accorder des réductions aux clients qui apporteraient leurs récipients. Pour rassurer les commerçants, il est parfois nécessaire de diffuser une information juridique sur cette pratique, qui est tout à fait autorisée par la réglementation sanitaire, moyennant le respect de quelques points d'attention[18].

Favoriser les dispositifs de consigne pour réemploi

Largement pratiquée jusque dans les années 1960, la consigne pour réemploi des bouteilles a presque disparu en France. Elle est pourtant plébiscitée par les citoyens et apporte de nombreux bénéfices environnementaux et économiques (réduction des coûts supportés par l'ensemble des acteurs de la chaîne de valeur[19], création d'emplois locaux). Réintroduire des systèmes de consigne dans les régions où elle a disparu suppose de reconstruire des chaînes logistiques, des infrastructures de stockage et de lavage, et de convaincre une masse critique de producteurs et de distributeurs locaux de s'engager dans la démarche. Enclencher la dynamique nécessite donc un travail initial d'animation territoriale, qui peut difficilement exister sans un soutien public.

---

18. Voir notamment l'article « Mon commerçant peut-il me servir dans mon contenant ? », www.zerowaste-france.org/commercant-servir-dans-mon-contenant/

19. Ademe, *Analyse de dix dispositifs de réemploi-réutilisation d'emballages ménagers en verre*, octobre 2018.

ILS L'ONT FAIT

BOUT' À BOUT' en Pays de la Loire

En région Pays de la Loire, ce sont trois collectivités locales – Nantes métropole, Mauges communauté et le Syndicat mixte intercommunal de traitement des ordures ménagères (Smitom) Sud Saumurois –, épaulées par la Région, qui se sont alliées pour soutenir l'initiative de Bout' à bout', une association locale qui cherche à reconstituer une filière régionale de réemploi du verre. Nantes métropole a soutenu financièrement l'achat de contenants de collecte pour les emballages, le Smitom Sud Saumurois met à disposition un local pour la massification de bouteilles dans le Maine-et-Loire, et Mauges communauté a coorganisé une réunion avec des producteurs et des distributeurs. D'autres collectivités de la Région souhaitent désormais adhérer au dispositif et soutenir le déploiement d'une logistique pour le réemploi des emballages dans leurs territoires.

Après quelques années d'existence, Bout' à bout' est parvenu à réinstaller des chaînes logistiques afin de réemployer localement les emballages. En 2018, l'association réunissait 15 producteurs et 35 magasins effectivement engagés (et beaucoup d'autres en cours), ce qui a permis le réemploi de près de 20 000 bouteilles dans l'année. L'objectif est d'atteindre 3 millions de bouteilles en 2023, et 10 millions en 2031 (soit l'ensemble des boissons produites et consommées localement).

La consigne pour réemploi peut aussi offrir une réponse à la problématique des emballages à usage unique dans le secteur de la vente à emporter. Dans les zones urbaines denses comptant beaucoup de ces établissements, la collectivité peut être à l'origine d'un dispositif de contenants consignés réutilisables standardisés, susceptibles d'être acceptés et distribués par n'importe quel commerce dans le périmètre. C'est le choix fait par la ville de Fribourg, en Allemagne.

ILS L'ONT FAIT

L'EXPÉRIENCE de la *Fribourg cup*

À l'occasion de la semaine européenne de réduction des déchets, la ville de Fribourg a choisi de communiquer sur les gobelets à café jetables en lançant la *Fribourg cup*, un gobelet réutilisable consigné. Initialement conçue comme une opération éphémère, cette initiative a remporté un tel succès qu'elle s'est rapidement transformée en projet de plus long terme. Le système est simple : Fribourg fournit des gobelets à café réutilisables gratuitement aux cafés et aux commerces qui veulent rejoindre le projet *Fribourg cup*, ainsi que des affiches et des autocollants pour promouvoir le dispositif auprès de leur clientèle. Les clients souhaitant recevoir leur café dans une *Fribourg cup* paient une consigne de 1 euro qu'ils peuvent récupérer en rendant leur gobelet dans tout commerce participant au programme. Le lavage est assuré par les commerces, qui réutilisent ensuite le gobelet pour le client suivant. En 2018, 105 cafés avaient rejoint cette initiative, soit entre 60 et 70 % des cafés de Fribourg. Cela facilite la tâche des clients, qui disposent de nombreux points pour rendre leurs gobelets vides. Vingt-six mille *Fribourg cups* ont été mises en circulation, dont environ 15 % n'ont pas été rendues, soit parce qu'elles ont été emportées en souvenir par des touristes ou des étudiants, soit parce que des clients en stockent plusieurs avant de les rapporter. Depuis son lancement, le système s'équilibre de lui-même et il n'a pas été nécessaire d'indemniser les commerçants.

COMBIEN ÇA COÛTE ?

Le coût des mesures proposées précédemment est très variable et dépend également de l'échelle à laquelle sont menées ces initiatives. La plupart d'entre elles nécessitent *a minima* une coordination du projet et donc un emploi en interne ou délégué au sein d'une structure partenaire. Les économies réalisables peuvent cependant se révéler importantes, notamment si l'action contribue à réduire les déchets produits dans la rue. L'Office fédéral de l'environnement suisse estimait déjà en 2011 que les emballages de repas et de boisson constituent plus de la moitié des déchets abandonnés dans les rues, et donc des coûts de nettoyage supportés par les communes[20]. À cela s'ajoutent d'autres bénéfices collatéraux, comme la promotion des circuits courts et le soutien aux producteurs locaux et aux commerces de proximité.

LES CLÉS DU SUCCÈS

- Compléter les décisions d'interdiction ou de suppression du plastique jetable par des mesures visant à faciliter le changement d'habitude en faveur du réutilisable (installation d'un lave-vaisselle, de fontaines, mise en place d'un dispositif d'emballages réutilisables consignés, etc.).
- Assurer un soutien politique fort de la part des élus locaux pour que l'objectif de suppression du jetable soit partagé collectivement.
- Privilégier des emballages réutilisables adaptés aux besoins et facilement reconnaissables, simples et non datés (pour éviter qu'ils ne soient gardés en souvenir).

---

20. OFEV, « Le littering a un coût », 2011, www.bafu.admin.ch/bafu/fr/home/themes/dechets/publications-etudes/publications/littering-cout.html

CHANTIER N° 2

METTRE EN PLACE UNE SOLUTION POUR LES BIODÉCHETS

Revenons aux fondamentaux : aux bases du cycle de la nature. Une feuille, une branche et plus globalement tout corps d'origine animale ou végétale déposé sur le sol se transformera naturellement en humus, sous l'action des organismes présents dans la terre[21]. Ce processus dit d'humification, simple et bien connu, permet au sol de se régénérer naturellement à l'infini.

En France, nos poubelles contiennent environ un tiers de déchets fermentescibles[22] (appelés aussi « biodéchets »), c'est-à-dire de produits organiques et complètement biodégradables qui peuvent être compostés et ainsi transformés en un amendement utile pour les sols. Pour l'instant, hélas, les déchets organiques restent très souvent mélangés aux déchets résiduels non triés[23]. Confinées pendant plusieurs jours ou semaines, les ordures se polluent mutuellement. En décharge, il faudra capter et dépolluer les jus issus de cette décomposition en mélange, ainsi que les gaz à effet de serre (méthane) produits par la fermentation des matières organiques en l'absence d'oxygène. Brûler ces biodéchets dans un incinérateur revient à gaspiller de l'énergie puisqu'ils sont essentiellement composés d'eau.

Comment faire ?

Pour valoriser les biodéchets et assurer leur retour à la terre, une étape est essentielle : le tri « à la source », c'est-à-dire dès le moment et à l'endroit où ils sont produits, afin d'éviter toute contamination liée au mélange avec d'autres déchets. C'est d'ailleurs ce sur quoi insiste la

21. L'humus est la partie supérieure du sol, composée de matière organique en décomposition.

22. Ademe, Caractérisation Modecom, 2009.

23. En dehors des foyers qui pratiquent une gestion domestique de leurs biodéchets, seulement 5,7 % de la population française, soit 3,26 millions d'habitants, sont effectivement desservis par une collecte séparée de biodéchets (Ademe, Étude technico-économique de la collecte séparée des biodéchets, janvier 2018).

Un chalet de compostage dans la région de Besançon.

réglementation européenne, qui rend obligatoire la gestion séparée de nos biodéchets d'ici décembre 2023[24].

Le compostage de proximité

Organiser le tri à la source des déchets organiques, cela peut vouloir dire inciter les habitants à les composter. Le compostage domestique peut aisément se pratiquer à la campagne ou en zone pavillonnaire, directement dans son jardin. Pour les immeubles et les quartiers plus urbains, il est possible d'installer un point de compostage collectif dans les cours ou les jardins publics. Ce composteur collectif, qui nécessite un certain suivi et l'ajout régulier de matière sèche, peut être géré par un groupe de volontaires, une association ou directement par la collectivité. Au-delà de l'intérêt environnemental, c'est une manière de stimuler les échanges entre habitants, d'autant plus quand il existe, à proximité, un jardin partagé où l'on peut utiliser cet amendement naturel. Pour les habitats extrêmement denses sans cour ni jardin, le lombricompostage est une solution pour gérer ses biodéchets en intérieur. Installés dans plusieurs boîtes empilées, les lombrics accélèrent le processus de décomposition des déchets organiques.

Pour encourager cette pratique, une collectivité peut proposer la distribution gratuite ou la vente à prix réduit de composteurs[25], associées, voire conditionnées à des formations sur le sujet. Mais, pour généraliser le compostage de proximité à l'échelle d'un territoire, il est nécessaire d'élaborer un véritable plan de gestion de la matière organique et d'y consacrer des moyens : sensibilisation de l'ensemble des habitants, installation de « chalets » de compostage, c'est-à-dire de petits abris pouvant accueillir de plus gros volumes, suivi des sites, apport de matière sèche et évacuation du compost… Cela implique souvent de disposer à la fois d'agents qui suivent le sujet en interne et de déléguer la gestion quotidienne des sites de compostage à des structures spécialisées.

24. Article 22 de la directive UE 2008/98 du 19 novembre 2008 telle que modifiée par la directive UE 2018/851 du 30 mai 2018. En France, la Loi de transition énergétique pour la croissance verte adoptée en 2015 prévoyait cette obligation de gestion séparée des biodéchets pour 2025. Cette échéance est avancée d'un an avec la nouvelle directive européenne.

25. En 2006, le ministère de l'Environnement avait lancé un plan national, triplant les moyens d'action de l'Ademe sur la question, afin de soutenir les collectivités dans leurs actions de promotion du compostage domestique.

Ce n'est qu'au prix d'un suivi et d'un soutien attentif de la part de la collectivité que le compostage de proximité pourra changer d'échelle. Le réseau Compost citoyen, qui rassemble les professionnels de l'accompagnement du compostage de proximité, dispose d'un annuaire qui permet d'identifier les maîtres-composteurs et les formateurs présents dans toute la France[26].

Il est difficile d'estimer avec précision les quantités moyennes de biodéchets que le compostage de proximité détourne à l'échelle d'un territoire, sauf à quantifier les déchets organiques restant dans les déchets résiduels[27]. Tout dépend bien sûr du nombre de foyers participants et de la fréquence d'utilisation du composteur. L'accessibilité des sites et l'amplitude horaire des permanences sont ainsi des facteurs déterminants pour le succès de l'opération. La fourniture aux habitants d'un petit seau ou d'un contenant afin de stocker chez soi et de transporter facilement les déchets jusqu'au point de compostage est également de nature à encourager la pratique.

La réglementation applicable au compostage de proximité

Côté réglementation, l'arrêté du 9 avril 2018 confère un statut juridique plus clair au compostage de proximité. En synthèse, ce texte clarifie les règles applicables aux petites installations recevant jusqu'à une tonne de biodéchets par semaine (hors les déchets structurants), les exempte d'agrément sanitaire pour recevoir des restes alimentaires, et autorise un usage local des composts produits.

26. www.lesactivateurs.org/annuaire/

27. Grâce à des caractérisations sur les ordures résiduelles, le Syndicat de traitement des déchets de la région de Besançon (Sybert) a ainsi estimé que la quantité de biodéchets encore présente dans les ordures ménagères était passée de 69 à 40 kg de 2009 à 2014, grâce au compostage de proximité. Sources : Rapport d'activité annuel du Sybert, 2015, et Modecom réalisé par le cabinet Inddigo et présenté en mai 2015.

ILS L'ONT FAIT

LE COMPOSTAGE COLLECTIF
au sein du Syded du Lot

À partir de 2011, le Syded du Lot (180 000 habitants) a engagé une action globale en faveur du compostage collectif, tant au sein de structures scolaires que dans des maisons de retraite, des sites touristiques ou en pied d'immeuble. Le syndicat accompagne les demandeurs à condition que deux référents soient identifiés. Avec eux, un diagnostic initial est établi : quelle est la quantité de biodéchets produits, un apport autonome de matières brunes (déchets de jardin, branchages, cartons...) est-il possible, quels sont les débouchés du compost ? Un ESAT local fabrique en kit des bacs de compostage de plusieurs tailles, fournis avec des équipements incluant une fourche et des seaux. Le tout est vendu 100 €, soit environ 20 % du prix d'un kit, une partie étant financée par l'Ademe et le reste étant à la charge du syndicat. Au départ, un suivi de quatre visites par an est instauré, qui se réduit à une visite annuelle lorsque le site est considéré comme autonome. En 2019, 270 composteurs collectifs sont suivis par cinq agents du syndicat. Chaque composteur permet le traitement de 500 kg à 3 tonnes de biodéchets (2 tonnes en moyenne). Une cinquantaine de sites sont lancés chaque année, et des expérimentations sont en cours afin d'augmenter leur capacité. Au-delà de 5 tonnes, les manipulations étant plus contraignantes, un prototype de composteur est à l'essai : les déchets sont transférés d'un bac à l'autre par un système de tirettes, afin de faciliter la manutention. Un composteur électromécanique fabriqué localement est également à l'essai afin de s'adapter aux structures produisant des quantités nettement plus importantes (30 à 50 tonnes), comme un hôpital. Chaque site est aussi un outil qui permet de faire d'une pierre deux coups : les agents ont constaté qu'après toute nouvelle installation d'un composteur collectif au sein d'un établissement, les demandes de composteurs individuels affluent.

€ COMBIEN ÇA COÛTE ?

Bien que les sites de compostage collectifs puissent en partie reposer sur le bénévolat d'habitants volontaires, ils nécessitent un suivi et l'implication de la collectivité pour fonctionner sur le long terme et à grande échelle. Une étude menée auprès des collectivités qui soutiennent le compostage de proximité a permis d'estimer que les besoins étaient d'environ un équivalent temps plein pour le suivi de 170 sites de compostage collectif (brassage-retournement-récolte-alimentation en broyat-gestion des problèmes divers), en plus d'habitants volontaires pour assurer les permanences[28]. Le réseau Compost citoyen estime quant à lui que le compostage de proximité de type collectif revient à environ 9,5 € par habitant et par an à la collectivité[29]. Ces coûts peuvent cependant être compensés par la baisse du volume d'ordures ménagères résiduelles à collecter.

La collecte séparée des biodéchets

Pour compléter ces dispositifs de compostage *in situ* (qui n'impliquent donc pas de collecte), il est aussi possible – et souvent nécessaire, surtout en milieu urbain – de mettre en place une collecte séparée. Ce système offre à chaque habitant la possibilité de trier chez lui ses déchets organiques et de les présenter à la collecte dans un contenant dédié, au même titre que les déchets recyclables ou résiduels. Cela implique la distribution de bioseaux aux habitants. Il s'agit d'un bac rond ou rectangulaire de la taille d'une petite poubelle d'appartement, et qui peut être ajouré et combiné avec un sac compostable pour faciliter la manipulation et limiter les odeurs (voir page suivante).

La collecte séparée des biodéchets est tout à fait possible à l'échelle d'une ville entière, comme le montre l'exemple de l'agglomération de Lorient, dont les 25 communes (204 000 habitants) sont concernées, quel que soit le type d'habitat (individuel ou collectif). La méthode fonctionne également dans les centres-villes de grandes métropoles comme Milan (Italie), San Francisco ou encore Seattle (États-Unis), et a plus

28. Ademe, Étude technico-économique de la collecte séparée des biodéchets. Synthèse, janvier 2018, p. 10.
29. www.reseaucompost.org/wordpress/wp-content/uploads/2018/05/FICHE-9-ilovepdf-compressed-1.pdf

Un bioseau servant à collecter les déchets organiques.

récemment été initiée dans plusieurs arrondissements parisiens. À Milan, les habitants ont reçu un « kit de démarrage » comprenant une cinquantaine de sacs compostables et un bioseau de cuisine pour faciliter la pré-collecte des déchets organiques. Puis, le contexte s'y prêtant, ils ont utilisé à cet effet les sacs de caisse compostables, seul type de sac jetable autorisé en Italie.

En milieu urbain, la taille des poubelles peut bien sûr s'adapter au peu d'espace disponible : par exemple avec des bioseaux pour le tri dans les appartements et des petits bacs roulants qui se substituent à un bac d'ordures ménagères dans les locaux à poubelles. Pour relancer la collecte des biodéchets, le canton de Genève a ainsi distribué aux habitants la nouvelle « p'tite poubelle verte[30] », un bioseau ajouré léger et étroit, spécifiquement conçu pour s'insérer facilement sous les éviers dans les appartements de petite surface. L'opération, couplée à une campagne de communication, a permis une hausse de 40 % de la collecte des déchets organiques. Les communes du canton ont elles aussi fait le choix de fournir une dotation unique de sacs compostables

30. www.laptitepoubelleverte.ch/fr/

au démarrage de la campagne. Cependant, le sac compostable n'étant pas généralisé en Suisse, on retrouve beaucoup de sacs plastiques ordinaires dans la collecte.

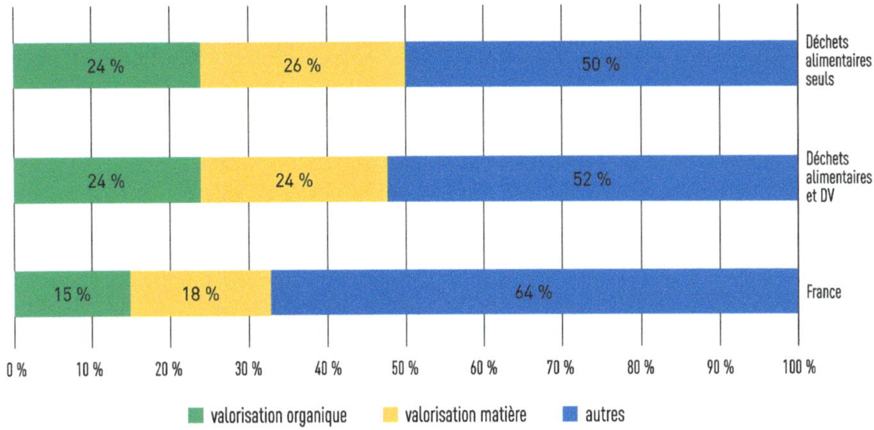

Moyenne des taux de valorisation par type de collecte des biodéchets.

Source : Ademe, Étude technico-économique de la collecte séparée des biodéchets. Synthèse, janvier 2018, p. 29.

Pour quels résultats ?

La mise en place d'une collecte séparée des biodéchets diminue de manière conséquente le volume des ordures ménagères résiduelles. À Milan, ce sont ainsi 90 kg/hab/an de déchets organiques qui sont désormais triés à la source et donc détournés de l'enfouissement ou de l'incinération, dont on estime que 25 % proviennent d'établissements professionnels. En France, les résultats varient en fonction de la présence de déchets de jardin ou de déchets de professionnels comme les restaurateurs dans le flux collecté. Une étude de l'Ademe menée auprès de l'ensemble des collectivités françaises ayant mis en place cette collecte[31] indique qu'en moyenne, la nouvelle collecte permet de sortir 63 kg/hab/an de déchets organiques des ordures résiduelles. Les collectivités étudiées présentent ainsi des quantités d'ordures ménagères résiduelles plus faibles que la moyenne française (41 % plus faibles en moyenne pour

31. Ademe, Étude technico-économique de la collecte séparée des biodéchets. Synthèse, janvier 2018, p. 4-5.

les territoires où les déchets alimentaires sont collectés seuls). Et l'étude démontre également que les externalités positives sont nombreuses ! En effet, le tri des biodéchets provoquerait un effet d'entraînement : au bénéfice de la prévention des déchets d'une part (réduction du gaspillage alimentaire, compostage de proximité...) et de la progression du tri des emballages et autres déchets d'autre part. Les collectivités étudiées présentent ainsi des quantités de déchets recyclables (emballages, papiers) triés supérieures de 20 % à la moyenne nationale, et des quantités totales de déchets (DMA) produites plus faibles[32].

Compostplus, un réseau de collectivités dédié à la collecte et à la valorisation des biodéchets

Le réseau Compostplus est né de la volonté de collectivités locales, collectant séparément les biodéchets, de se réunir pour partager leur expérience. À l'origine, au milieu des années 2000, elles n'étaient que quelques-unes à s'être engagées dans cette voie, pour des raisons assez diverses : proximité avec le monde agricole et volonté de développer une filière d'amendements de qualité, problématiques de nuisances ou de saturation d'installations de traitement, synergies identifiées avec le déploiement de la collecte des emballages...

Progressivement, au-delà de l'accompagnement technique, ce réseau a également cherché à peser au niveau national pour promouvoir la pratique de la collecte séparée des biodéchets et faire progresser la réglementation en ce sens. Ces deux missions sont toujours au cœur des actions de l'association aujourd'hui : organisation de rencontres régulières comme les journées Territoires & biodéchets pour faciliter les échanges, création du label Amendement sélectionné qualité attestée (ASQA) pour promouvoir les bonnes pratiques de compostage, mutualisation d'outils et groupement d'achat de matériel, participation à des instances de concertation...

Compostplus, qui réunissait 6 collectivités en 2001, en réunit 36

32. Pour les collectivités qui collectent uniquement les déchets alimentaires et n'incluent pas les déchets verts dans cette collecte.

en 2019, réparties partout sur le territoire français et avec des degrés d'avancement divers : certaines pratiquent la collecte depuis près de vingt ans, d'autres sont aux premiers stades d'expérimentation, voire de réflexion. Si la collecte séparée des biodéchets reste le cœur d'expertise du réseau, elle est toujours conçue en complémentarité avec d'autres actions comme le compostage de proximité, ces deux pratiques concourant à un même objectif. Du côté des grandes villes, Paris teste la collecte dans deux arrondissements, bientôt trois, Grenoble enclenche également sa généralisation après une phase d'expérimentation, et Nantes travaille à un pilote pour fin 2019.

En 2016, environ 3 millions d'habitants bénéficiaient d'une collecte séparée pour trier leurs biodéchets. Ce nombre augmente mais le rythme de progression reste modéré. Pourtant, le contexte a changé : le tri à la source des biodéchets sera obligatoire d'ici fin 2023 et le coût de la mise en décharge et de l'incinération devrait sensiblement augmenter dans les prochaines années. Le prochain mandat municipal sera peut-être l'occasion d'un vrai déclic sur cette question.

LES CLÉS DU SUCCÈS

Les retours d'expérience des collectivités pionnières dans la collecte des biodéchets[33] et l'expertise rassemblée au sein du réseau Compostplus[34] permettent de mieux connaître les clés du succès du tri des déchets organiques.

- Le matériel : bioseaux ajourés pour supprimer les odeurs et les jus, bacs à cuve réductrice pour faciliter le nettoyage ainsi que le contrôle du tri et limiter la présence d'autres déchets, notamment les déchets verts...

33. Ademe, Étude technico-économique de la collecte séparée des biodéchets. Synthèse, janvier 2018, p. 11.
34. Voir www.compostplus.org

- Les consignes de tri : privilégier la collecte des seuls restes alimentaires plutôt qu'une consigne mixte déchets verts/restes alimentaires, qui a tendance à se transformer au fil du temps en seule collecte de déchets verts, coûteuse et moins performante.
- La réorganisation des collectes : substituer une collecte de déchets résiduels par une collecte de déchets organiques, voire inverser ces fréquences, permet de réduire les coûts et d'inciter au tri, en particulier des biodéchets. Les collectes de déchets organiques, nécessairement hebdomadaires, peuvent ainsi remplacer une collecte de déchets résiduels. Ceux-ci peuvent même ne plus être collectés qu'une fois toutes les deux semaines, en alternance par exemple avec les déchets d'emballages recyclables.

€ COMBIEN ÇA COÛTE ?

La mise en place d'une collecte séparée des biodéchets nécessite des investissements de départ (nouveaux équipements, communication...) et représente un coût de fonctionnement sur la durée, qui se situe autour de 21 € HT par habitant et par an[35]. Ces coûts peuvent cependant être compensés par une baisse importante des ordures ménagères résiduelles à traiter et une diminution de leur fréquence de collecte. Ainsi, l'Ademe a constaté une baisse moyenne de 30 % du coût de gestion des ordures ménagères résiduelles par habitant et par an dans les collectivités ayant mis en place la collecte des biodéchets. Cette diminution ne suffit pas toujours à compenser d'emblée les coûts de la nouvelle collecte[36], mais les situations varient et les collectivités qui ont les coûts les plus faibles sont précisément celles qui parviennent à réduire considérablement le flux résiduel. Les collectivités ayant le plus récemment mis en place cette collecte, et bénéficié de tout le retour d'expérience pour optimiser ces nouveaux dispositifs, ont réussi cette transition à coût

35. Coût médian observé sur l'ensemble des collectivités françaises ayant mis en place la collecte des biodéchets. Source : Ademe, Étude technico-économique de la collecte séparée des biodéchets, janvier 2018, p. 46.

36. En moyenne, sur l'ensemble des collectivités étudiées, le coût de traitement des OMR et biodéchets est de 5 % plus élevé que le coût antérieur de gestion des seules OMR. Ademe, *ibid*.

constant. Dans cette optique, prévoir une baisse des fréquences de collecte en complément du tri des biodéchets se révèle une opération gagnante sur le plan économique[37].

Valoriser les biodéchets

Une fois collectés séparément, les biodéchets peuvent être orientés vers une plateforme de compostage (c'est le cas pour 70 % des collectivités qui collectent séparément les biodéchets en 2018 en France[38]) ou vers une installation de méthanisation pour produire de l'énergie, ou les deux.

Le compostage « consiste en un traitement biologique de déchets ou matières organiques fermentescibles [c'est-à-dire susceptibles d'entrer en fermentation] en milieu fortement oxygéné. Lorsque le traitement porte sur des quantités importantes de matières, il s'accompagne d'un dégagement de chaleur qui peut porter la température à plus de 60 °C, ce qui concourt à leur hygiénisation[39] » (réduction à un niveau non détectable de la présence de tous les micro-organismes pathogènes). Ce compost, lorsqu'il respecte la norme française relative aux amendements organiques[40], peut être commercialisé et utilisé en agriculture, en maraîchage ou en jardinerie. Il augmente la fertilité des terres, diminue le besoin d'irrigation, et se substitue aux engrais de synthèse issus de la pétrochimie. Autre avantage, même pour les sols non cultivés : l'épandage d'une fine couche de compost sur des pâturages ou des prairies augmente considérablement leur capacité à absorber le carbone de l'atmosphère et à le fixer durablement dans les sols, en activant la vie biologique. Le bénéfice net de cette pratique, en termes d'économie d'émissions de gaz à effet de serre, a pour la première fois été constaté et mesuré sur plusieurs terrains dans le cadre du Marin Carbon Project en Californie[41].

37. « Les collectivités qui collectent les OMR toutes les deux semaines présentent les coûts aidés OMR-biodéchets les plus faibles », Ademe, *ibid*, p. 65.

38. Ademe, *ibid*, p. 3.

39. Définition du ministère de la Transition écologique et solidaire.

40. Norme NFU 44-051. La norme spécifie, en fonction de la nature des matières premières utilisées et de leur mode d'obtention, différentes dénominations, dont « composts de fermentescibles alimentaires ».

41. www.marincarbonproject.org/marin-carbon-project-science

Quant à la méthanisation, c'est un processus de fermentation qui se déroule en l'absence d'oxygène et produit une énergie renouvelable que l'on appelle « biogaz ». Ce mode de traitement participe donc à l'indépendance et à la transition énergétiques. Le résidu de la méthanisation, le digestat, constitue également un fertilisant organique et peut se substituer aux engrais de synthèse. Il peut être lui-même composté.

Compostage ou méthanisation ?

Au niveau local, l'arbitrage entre le compostage ou la méthanisation pour valoriser à l'échelle industrielle les biodéchets triés séparément dépend de plusieurs éléments :

- Les matières organiques entrantes disponibles sur le territoire

Le procédé de méthanisation permet de traiter des déchets difficiles à valoriser uniquement *via* le compostage (huiles alimentaires, lisiers...). À l'inverse, le procédé de compostage a besoin d'apport de matière ligneuse (bois) pour fonctionner correctement et peut valoriser les biodéchets des ménages quelles que soient leurs caractéristiques.

- La recherche de flexibilité et d'autonomie

Le procédé de méthanisation est complexe du point de vue industriel et peu flexible. En cas de diminution du volume de déchets ou de variation saisonnière forte (par exemple sur les territoires touristiques), il est difficile d'adapter les installations à un autre usage. Les méthaniseurs sont également plus coûteux[42] et moins facilement maîtrisables directement par un acteur public, qui devra souvent en déléguer la gestion.

- Les besoins des sols agricoles

Le compost est un amendement organique qui améliore la structure physique du sol et ses propriétés chimiques de base : il favorise la circulation de l'air, les capacités de

42. Pour approfondir l'aspect économique de la méthanisation, voir notamment Ademe, *Avis méthanisation*, novembre 2016, et Christian Couturier, « Méthanisation agricole : quelle rentabilité selon les projets ? », *Sciences, eaux & territoires*, 2013/3, n° 12, p. 72-77.

stockage de l'eau, limite les pertes en nutriments. L'application de compost a ainsi des effets positifs à long terme sur les sols. Le digestat issu de la méthanisation est quant à lui un engrais qui apporte des nutriments et soutient la croissance des cultures. Il a un effet plus immédiat mais moins approfondi sur la qualité des sols. Son application peut même être négative si les sols sont déjà saturés en azote. Compost et digestat ont ainsi des propriétés différentes, complémentaires en agriculture.

CHANTIER N° 3

ADOPTER LA TARIFICATION INCITATIVE

Au rang des réorganisations structurelles incontournables pour engager son territoire dans une démarche Zéro Déchet, le changement des modalités de facturation des déchets aux habitants figure en bonne place.

En effet, le système fiscal le plus répandu en France concernant les déchets ménagers n'incite pas les citoyens à réduire et à trier. Le plus souvent, l'enlèvement des déchets est facturé *via* la taxe d'enlèvement des ordures ménagères (Teom), déterminée en fonction de la valeur foncière de l'habitat, sans aucun lien avec la quantité de déchets produits[43].

A contrario, la tarification incitative désigne des dispositifs de facturation où le montant de la facture d'enlèvement des ordures varie en fonction de la quantité produite par chaque habitant.

Ce système permet aux citoyens de savoir combien de déchets ils produisent et ce que leur coûte ce service. Il constitue surtout un puissant levier pour inciter les habitants à s'emparer des solutions mises à leur disposition par la collectivité (tri des déchets, compostage, sensibilisation et conseils pour réduire les emballages, etc.). Plus qu'une fin en soi, la tarification incitative représente donc un formidable outil pour donner plus d'ampleur et d'effets aux autres mesures composant une démarche Zero Waste locale.

La tarification incitative est courante dans certains pays d'Europe comme l'Allemagne ou la Suisse, où elle est synonyme de performances de tri élevées. L'Italie se convertit elle aussi progressivement au principe. Les villes de Trévise ou, plus récemment, de Parme ont ainsi fait de la tarification incitative un instrument au service de leur politique Zéro Déchet.

---

43. En France, 80 % du financement de la gestion des déchets sont collectés *via* la Teom. La tarification incitative, en place ou en cours de mise en place, ne concerne que 6,5 millions d'habitants. (Ademe, *Déchets. Chiffres-clés*, 2017, p. 32, 78. ; voir également Ademe, *Déchets. Chiffres-clés*, 2018, p. 15).

Comment ça marche ?

Le principe est toujours le même : introduire dans la facturation des déchets une part variable, dite « incitative », fonction de la quantité de déchets produite. Elle peut être calculée à partir du poids (un tarif appliqué par kilo de déchets produits) ou du volume (le tarif dépend alors de la taille de la poubelle, de la fréquence de présentation du bac à la collecte ou encore s'applique au moyen de sacs-poubelle prépayés).

Dans la mise en œuvre, les possibilités sont donc infinies[44] : part incitative plus ou moins importante dans la facture finale, volume forfaitaire au-delà duquel les levées supplémentaires de bacs sont payantes, grilles tarifaires favorables aux familles ou aux usagers résidant en habitat collectif, etc. Les modalités de l'incitation économique peuvent ainsi s'adapter aux spécificités des territoires (populations touristiques, zones urbaines denses…) et aux priorités choisies (progression du tri, baisse de la fréquence de collecte, réduction des déchets…).

Pour quels résultats ?

L'analyse des résultats des 126 territoires français appliquant déjà la tarification incitative (TI) est sans appel : en moyenne, entre l'année qui précède la mise en place de la tarification incitative et l'année de sa mise en place, la réduction des ordures ménagères résiduelles (OMR) est de 91 kg/hab, soit une baisse de 20 à 70 % par rapport au ratio initial[45]. Plus intéressant encore, les quantités totales de déchets (incluant les déchets triés chez soi ou apportés en déchèterie) ont également tendance à diminuer (de 49 kg/hab en moyenne). Les systèmes contenant une part de facturation au poids se révèlent les plus efficaces en termes de baisse des déchets produits, mais le niveau de l'incitation économique n'est pas le seul levier de réussite : les effets positifs de la tarification incitative commencent en effet à apparaître avant même que la nouvelle facturation soit effective, dès la communication annonçant sa mise en place[46].

---

44. Les modulations de tarifs peuvent être basées sur les quantités et la qualité de déchets produits ou sur le niveau de service proposé (fréquences de collecte, taille du bac). Les tarifs ne peuvent en revanche pas être modulés en raison de critères sociaux.

45. Ademe, *Déchets. Chiffres-clés*, 2017, p. 87.

46. Commissariat général au développement durable, « La tarification incitative de la gestion des ordures ménagères, quels impacts sur les quantités collectées ? », mars 2016. www.developpement-durable.gouv.fr/IMG/pdf/ED140-2.pdf

Les collectivités ayant mis en place la tarification incitative produisent ainsi en moyenne moins de déchets résiduels que les autres. Cela est d'autant plus le cas quand une solution de tri pour les biodéchets est offerte par ailleurs (voir chantier n° 2). Les quelques collectivités locales françaises ayant mis en place une collecte séparée pour les restes alimentaires et la tarification incitative affichent ainsi des résultats de production d'ordures ménagères résiduelles significativement plus bas que les autres.

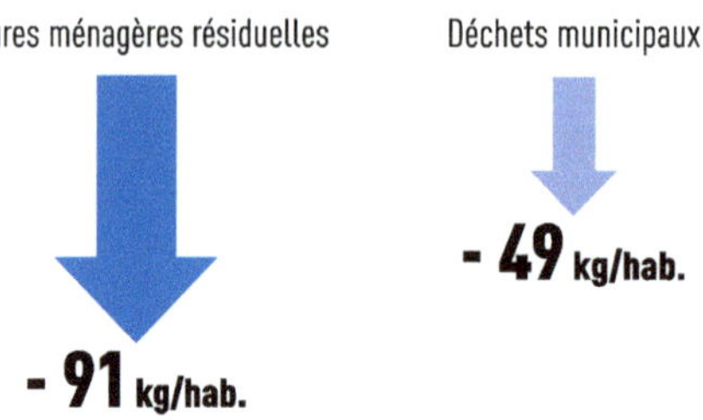

Réduction des volumes de déchets collectés après la mise en place de la tarification incitative.

Source : Ademe, *Chiffres-clés*, 2018, p. 15.

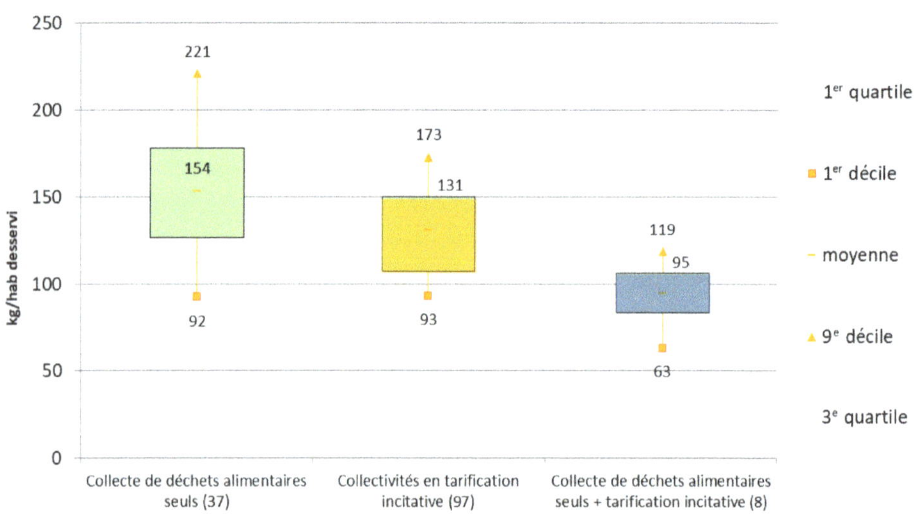

Comparaison des performances en fonction du mode de financement.

Source : Ademe, *Étude technico-économique de la collecte séparée des biodéchets - Synthèse*, janvier 2018.

LES CLÉS DU SUCCÈS

Si les résultats sont immanquablement au rendez-vous, le changement du mode de facturation des déchets n'est pas anodin à l'échelle d'un territoire et peut susciter des incompréhensions, voire des réactions de rejet et des comportements inciviques dans les premiers mois.

Pour éviter ces écueils, il est très utile de s'appuyer sur les retours d'expérience des collectivités ayant déjà opéré le changement, qui montrent que les points suivants sont essentiels :

- Bien impliquer la population dans l'élaboration de la grille tarifaire.
- Communiquer en amont et pendant le déploiement sur les objectifs de la démarche et les détails de son application, par exemple par le biais d'une *hotline* dédiée.
- Prendre en compte les spécificités des différentes catégories d'usagers (par exemple les familles avec enfants en bas âge).
- Offrir aux usagers de nouvelles solutions pour trier ou réduire leurs déchets, en amont ou en parallèle de la mise en place de cette incitation. Lorsque l'arrivée de la tarification incitative va de pair avec un accès facilité aux solutions et une amélioration du service public offert aux habitants, elle est mieux accueillie. Cela passe par exemple par le développement de solutions de compostage des déchets organiques, des ateliers de sensibilisation au Zéro Déchet ou encore, en milieu urbain, la mise en place d'une collecte des encombrants.
- Anticiper et se doter de procédures et de moyens de contrôle et de sanction qui décourageront les stratégies d'évitement. Le pouvoir de police spéciale en matière de déchets appartient aux maires (hormis la réglementation de la collecte, en général transférée aux intercommunalités). En lien avec les communes ou à l'aide d'une police intercommunale, il convient donc de prévoir de renforcer l'équipe dédiée au contrôle des dépôts sauvages durant les premiers mois, de vérifier que les procédures de sanctions fonctionnent bien et de les améliorer le cas échéant.
- Enfin, pour s'assurer que l'effet de l'incitation perdure, mieux vaut prévoir un retour d'information aux habitants fréquent et précis. Les habitants de la ville de Besançon, par exemple, disposent d'un

espace en ligne où ils peuvent suivre au quotidien leur production de déchets et le montant de facture correspondant.

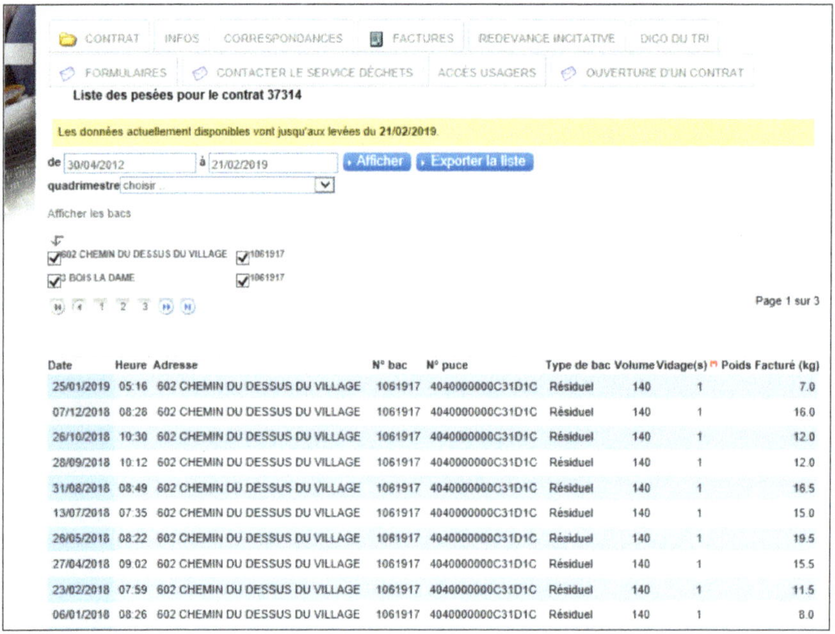

Date	Heure	Adresse	N° bac	N° puce	Type de bac	Volume	Vidage(s)	Poids Facturé (kg)
25/01/2019	05:16	602 CHEMIN DU DESSUS DU VILLAGE	1061917	4040000000C31D1C	Résiduel	140	1	7.0
07/12/2018	08:28	602 CHEMIN DU DESSUS DU VILLAGE	1061917	4040000000C31D1C	Résiduel	140	1	16.0
26/10/2018	10:30	602 CHEMIN DU DESSUS DU VILLAGE	1061917	4040000000C31D1C	Résiduel	140	1	12.0
28/09/2018	10:12	602 CHEMIN DU DESSUS DU VILLAGE	1061917	4040000000C31D1C	Résiduel	140	1	12.0
31/08/2018	08:49	602 CHEMIN DU DESSUS DU VILLAGE	1061917	4040000000C31D1C	Résiduel	140	1	16.5
13/07/2018	07:35	602 CHEMIN DU DESSUS DU VILLAGE	1061917	4040000000C31D1C	Résiduel	140	1	15.0
26/05/2018	08:22	602 CHEMIN DU DESSUS DU VILLAGE	1061917	4040000000C31D1C	Résiduel	140	1	19.5
27/04/2018	09:02	602 CHEMIN DU DESSUS DU VILLAGE	1061917	4040000000C31D1C	Résiduel	140	1	15.5
23/02/2018	07:59	602 CHEMIN DU DESSUS DU VILLAGE	1061917	4040000000C31D1C	Résiduel	140	1	11.5
06/01/2018	08:26	602 CHEMIN DU DESSUS DU VILLAGE	1061917	4040000000C31D1C	Résiduel	140	1	8.0

Suivi personnalisé des pesées de poubelles depuis l'interface usagers.

Source : Grand-Besançon.

ILS L'ONT FAIT

LA TARIFICATION INCITATIVE dans le Grand Besançon

L'agglomération de Besançon a choisi d'appliquer la tarification incitative dès 2012, date de son entrée en vigueur. C'était la première ville de cette taille à adopter ce mode de facturation, qualifié de « pari fou » par certains élus de l'époque, qui plus est avec une grille fortement incitative :

- 50 % de la facture des usagers correspond à un abonnement fixe annuel, qui varie en fonction du niveau de service (taille du bac et fréquence de collecte dans la zone géographique correspondante).
- Les 50 % restants sont calculés en fonction du poids des déchets

collectés (prix au kilo) et du nombre de fois où le bac est collecté (prix à la levée).
Les habitants en résidence individuelle disposent d'un bac pucé, rattaché à leur foyer, qui est pesé à chaque collecte. Pour les immeubles en revanche, les bacs sont collectifs et la facture finale est divisée entre tous les appartements. Chaque foyer dispose d'un espace en ligne où il peut suivre sa production de déchets et le coût correspondant, effectuer des réclamations ou payer ses factures. Pour accompagner ces nouveaux tarifs, de nouveaux services ont été développés : installation de chalets de compostage, campagnes de sensibilisation dans les immeubles, promotion des couches lavables, etc.
En termes de réduction des déchets, les résultats se sont fait sentir de manière immédiate : sur la période 2008-2014, les ordures ménagères résiduelles ont baissé de 30 %. Dans le Grand Besançon, dès la fin 2013, soit un an après la mise en place de la nouvelle grille tarifaire, les déchets résiduels avaient diminué de 26 % en moyenne. Concrètement, le centre-ville, qui produisait 200 kg/hab de déchets résiduels en 2012, n'en produisait plus que 155 fin 2013. Et la périphérie, qui produisait en moyenne 166 kg/hab, n'en produisait plus que 105[47].

€ COMBIEN ÇA COÛTE ?

La tarification incitative implique des coûts supplémentaires au moment de sa mise en œuvre (collecte des données des usagers, achat de nouveaux équipements, communication…). Les résultats d'une étude menée auprès de 15 collectivités montrent que ce coût de mise en place est dans la majorité des cas inférieur à 15 €/hab, une fois déduites les aides et subventions perçues pour le projet. La diminution des déchets et l'optimisation de la collecte, qui assurent des économies sur le long terme, permettent de compenser cet investissement de départ[48].

---

47. Kevin Caillaud. *De la taxe à la redevance incitative : la modernisation de la gestion des déchets. L'expérience du Grand Besançon.* Rapport de recherche, 2016 ; Ademe, *Communauté d'agglomération du Grand Besançon*, 2014, p. 109.

48. Ademe, *Coûts de la redevance incitative et de son impact économique sur le service public de gestion des*

Une incitation qui concerne aussi les entreprises

Les collectivités gèrent souvent, dans le cadre du service public, les déchets de petits établissements (commerçants, artisans et administrations) assimilables aux ordures ménagères, car de même nature. Un système d'incitation spécifique, appelé « redevance spéciale », peut leur être appliqué. Comme pour la tarification incitative concernant les ménages, la collectivité dispose d'une certaine souplesse dans l'établissement de la grille tarifaire, pour l'adapter aux différentes situations : variation des tarifs selon le volume des bacs, mise en place de tarifs dégressifs, ou application de tarifs forfaitaires pour les petits producteurs de déchets. La redevance spéciale peut alors devenir un outil efficace pour encourager le tri auprès des commerçants et entreprises et réduire *in fine* la quantité d'ordures collectées par le service public. Les déchets « assimilés » aux ordures ménagères représentent en effet une part considérable des volumes pris en charge par les collectivités, notamment en milieu urbain où la concentration en commerces est forte[49].

Il faut le dire : la mise en place d'un système de redevance spéciale auprès des commerçants, lorsqu'elle n'existe pas, nécessite un certain courage politique. Nombre de collectivités reculent devant la crainte de voir les commerçants s'unir contre une telle mesure. Sans doute faut-il expliquer, arguments et chiffres à l'appui, le problème des déchets, leur coût pour la collectivité, la nécessité de financer les actions spécifiques auprès des commerçants et l'impact positif que cela générera pour la collectivité dans sa globalité. Aussi les commerçants accaparés par leurs activités ont-ils besoin de solutions afin de ne pas se sentir trop contraints. Il semble nécessaire de proposer des collectes efficaces des recyclables tout comme des biodéchets, et de diffuser des pistes de réduction à la source (comment réduire le jetable en restauration, certains gaspillages, etc.). Enfin, l'introduction d'un système de bonus/malus, récompensant les commerçants qui jouent le jeu et sanctionnant

---

déchets, février 2015. Pour deux tiers des collectivités étudiées, le coût global de la gestion des déchets par habitant est resté stable ou a fortement baissé (réductions pouvant aller jusqu'à 20 €/hab). Pour celles dont le coût a augmenté, la hausse peut être due à des facteurs extérieurs à la tarification incitative (hausse des coûts de traitement) ou bien à une baisse des ordures ménagères résiduelles (OMR) insuffisante pour compenser complètement les frais d'investissement de départ.

49. Les déchets des petites entreprises, administrations et commerces représentent environ 20 % des déchets pris en charge par le service public. Ademe, *Déchets. Chiffres-clés*, 2017, p. 21.

les retardataires, peut permettre d'éviter l'écueil de la perception de la redevance comme une nouvelle taxe.

ILS L'ONT FAIT

LA REDEVANCE SPÉCIALE à Calvi-Balagne

L'exemple de la communauté de communes de Calvi-Balagne, en Corse, est très instructif, en particulier dans cette zone très touristique. Une redevance spéciale y a été mise en place pour les professionnels, selon des taux fixés par type d'activité et par typologie de déchets. Un « mini-forfait » regroupe par exemple les apiculteurs et les potiers, puis un « forfait spécifique » est prévu pour la petite restauration, les agences de publicité ou les auto-écoles, tandis qu'un troisième mode de facturation s'adresse aux professions libérales, aux entreprises du BTP, etc. Une attention particulière a été apportée à ce que chacun comprenne le but du système, son caractère adapté et pondéré selon le service rendu, et sa transparence. La visite des restaurateurs pendant la saison basse pour présenter de manière pédagogique les changements à venir et le système de facturation a également joué sur l'acceptabilité de la mesure. La collectivité a enfin reçu chaque commerçant un à un, en présence du président de l'intercommunalité, d'ambassadeurs du tri et des services techniques, pour expliquer une nouvelle fois le système et signer le contrat.
Ce temps de mise en place et de pédagogie passé, la collectivité insiste sur le suivi du tri et rappelle les consignes. Des moments de formation ont même été organisés, par exemple pour un supermarché local autour de la gestion de ses invendus. Un bonus est prévu pour ceux qui trient bien, et un malus allant jusqu'à 200 % du forfait initial est activable pour les mauvais trieurs (soit un triplement de la facture !). Les dossiers sont alimentés de photographies pour documenter de façon indiscutable les erreurs de tri, notamment à l'aide d'un policier intercommunal de l'environnement, et fonder en toute certitude l'application des malus. Le suivi des feuilles de collecte permet en outre de s'alarmer rapidement de situations anormales, par exemple lorsque les biodéchets d'un restaurant n'ont été collectés qu'une ou deux fois en une semaine, ce qui laisse à penser que le tri n'a pas été fait puisque la collecte est possible à plus haute fréquence.

CHANTIER N° 4

ACCOMPAGNER LES INITIATIVES DANS LE CHAMP DE LA RÉUTILISATION ET DU RÉEMPLOI

On peut se féliciter de la multiplication importante des déchèteries depuis les années 1990 : on en comptait 4 647 en 2015, soit une déchèterie pour 14 000 habitants en moyenne[50]. Ces installations permettent de mieux capter tous les types de déchets, y compris les plus dangereux, et d'en assurer un tri optimal, donc une valorisation plus systématique. Reste à faire de même, dans les prochaines années, pour les lieux dédiés au réemploi et à la réutilisation des déchets, régulièrement qualifiés de « ressourceries » dans le langage commun. En effet, de nombreux biens en état de fonctionnement ou nécessitant une menue réparation pourraient être sauvés du tout-venant.

S'attaquer au gaspillage que l'on voit, et à celui qu'on ne voit pas : le poids caché des objets

Derrière chaque objet ou emballage que nous jetons se cache une petite montagne de ressources (matières premières, énergie, eau, etc.) consommées lors de sa fabrication. C'est ce que l'on appelle l'« énergie grise » ou le « sac à dos écologique » des produits que nous consommons.

L'Ademe a publié en septembre 2018 la première étude mesurant à la fois la quantité de CO_2 émise et la quantité totale de matières premières utilisées pour produire 45 objets et équipements de la vie quotidienne[51]. Par exemple, la fabrication d'un four à micro-ondes requiert plus de 2 tonnes de

50. Ademe, *Déchets. Chiffres-clés*, 2017, p. 41.

51. Modélisation et évaluation des impacts environnementaux de produits de consommation et biens d'équipement, Ademe, septembre 2018. www.ademe.fr/modelisation-evaluation-impacts-environnementaux-produits-consommation-biens-dequipement

matières premières (soit plus de 160 fois son poids final !), et cause l'émission de près de 80 kg de CO_2. Pour un vêtement tel qu'un manteau, la quantité de ressources utilisées est de 110 kg, avec 77 kg de CO_2 émis. Ces données sont reprises dans le calculateur mis à disposition du public par Zero Waste France dans le cadre du « Défi Rien de neuf[52] », un défi qui vise à faire connaître l'impact des produits neufs, du fait de ces consommations invisibles.

Autrement dit, notre poubelle n'est que la partie émergée d'un iceberg de consommation de ressources et de production de déchets invisibles pour le consommateur ou utilisateur final, car elles surviennent durant les phases d'extraction et de transformation des matières premières, puis de fabrication des biens. Chaque consommation ou déchet évité représente ainsi une économie de ressources plus grosse que lui !

Pourquoi le zéro gaspillage est indispensable et urgent

La lutte contre le gaspillage des ressources naturelles concerne à la fois les ressources dites renouvelables (biomasse, eau) et non renouvelables (minerais, combustibles fossiles). Pour les premières, il faut garder à l'esprit que « renouvelable » ne signifie pas forcément disponible et utilisable. Une ressource polluée durablement ne nous permettra pas d'assurer notre subsistance ni celle de l'écosystème auquel elle participe. « Renouvelable » ne signifie pas non plus « illimitée » : l'utilisation des terres agricoles en fournit un bon exemple, avec la concurrence déjà à l'œuvre entre les cultures destinées à l'alimentation humaine, à l'élevage, aux biocarburants, aux bioplastiques, etc. Autrement dit, ce n'est pas parce qu'une ressource (ou une énergie) est qualifiée de renouvelable que l'on peut en faire usage sans avoir à se préoccuper des conséquences en termes de disponibilité et d'impacts environnementaux.

Du côté des ressources non renouvelables, la problématique de la pénurie est bien connue, et ne concerne pas seulement

52. www.riendeneuf.org

le pétrole ou le gaz ! Un très grand nombre de métaux que nous utilisons quotidiennement sont en quantité limitée, et la durée d'utilisation des stocks disponibles se compte en dizaines d'années seulement. De grands espoirs sont placés dans les technologies de recyclage. Bien que de plus en plus performantes, elles ne pourront pourtant résoudre complètement le problème. Tout d'abord parce qu'une partie non négligeable des métaux se trouve actuellement dispersée sur nos murs (peintures), nos routes (poussières de pneus) ou nos chaussettes (utilisation de nanoparticules d'argent bactéricides pour un effet anti-odeurs), et sera tout simplement impossible à récupérer[53]. Ensuite, parce que les procédés de recyclage ont un rendement limité (perte en qualité), au prix d'une consommation élevée d'énergie, et donc de métaux. En effet, les énergies, tant fossiles que renouvelables, supposent une infrastructure métallique, qu'il s'agisse de pipelines ou de terres rares pour les panneaux photovoltaïques. Crise énergétique et crise des ressources sont donc intimement liées, et l'on ne peut en sortir que par la réduction à la source de la consommation, en commençant par supprimer ce qui relève du gaspillage caractérisé de nos ressources : le jetable !

L'accès au gisement pour les structures du réemploi et de la réutilisation peut être facilité par une collectivité. La réglementation relative aux installations classées autorise la mise en place de « zones de réemploi » sur 10 % de la surface d'une déchèterie : les biens qui y sont entreposés n'ont pas le statut juridique de déchet, ce qui en facilite la gestion. Ainsi, le Sybert (agglomération de Besançon) a équipé ses déchèteries de zones de récupération fermées pour préserver les objets collectés, et formé ses agents afin que ceux-ci puissent discuter avec les usagers, et identifier les biens qui ont un vrai potentiel de réemploi. Cela a permis la récupération d'environ 800 tonnes d'objets en 2016, sur un apport de 50 000 tonnes

53. 20 % pour le cadmium, 14 % pour l'étain, 12 % pour le plomb, et jusqu'à 95 % pour le titane selon les chiffres rassemblés par Philippe Bihouix dans *L'Âge des low tech*, Le Seuil, 2014.

environ dans les déchèteries du syndicat. La métropole de Lyon a créé, de façon similaire, des « donneries » dans ses déchèteries, afin que les biens apportés par les usagers pour être jetés puissent encore servir (318 tonnes collectées en 2016, 287 tonnes en 2017).

CAMILLE ROGNANT,

Réseau francilien du réemploi (REFER)

Le REFER fédère les acteurs franciliens du réemploi et favorise la structuration et l'émergence de projets de réemploi (ressourceries et recycleries). Nous constatons que les collectivités locales jouent un rôle fondamental dans l'accompagnement du réemploi sur le terrain, et nous poussons systématiquement les porteurs de projets à dialoguer avec elles.
Pour les nouveaux projets, l'accès au foncier est bien sûr une étape essentielle qu'une collectivité, grâce à son patrimoine et à ses réseaux de partenaires locaux, peut aider à franchir (mises à disposition, facilitation dans l'accès aux locaux, négociation avec les bailleurs, etc.). C'est notamment le cas des mairies de Paris, d'Ivry-sur-Seine, d'Arcueil ou encore de la communauté d'agglomération Est Ensemble (Seine-Saint-Denis), qui ont su soutenir l'implantation de plusieurs structures en identifiant des locaux suffisamment grands, adaptés et disponibles à des conditions financières soutenables, ou *via* des mises à disposition. Une telle aide est cruciale dans la mesure où les coûts relatifs aux locaux peuvent parfois atteindre un tiers du budget de ces associations[54].
Une fois installées, la plupart des ressourceries/recycleries n'atteignent pas l'autofinancement : les recettes tirées de la vente des objets supportent le reste des activités, non marchandes, de l'association (sensibilisation, lien social, éducation à l'environnement, etc.), mais les aides liées aux activités sociales demeurent nécessaires, tout comme la participation des collectivités au titre de leur budget déchets. La rentabilité des projets ne peut s'entendre d'un strict point de vue budgétaire, car l'impact des ressourceries dépasse très largement la seule revente d'occasion, par exemple à travers la réinsertion de personnes en marge de la société. Elles sont aussi des acteurs de la sensibilisation et de la prévention des déchets. Pour mettre

54. Pour des chiffres plus détaillés, voir *L'Observatoire national des ressourceries*, 2017.

en avant cette diversité d'impacts sociaux et environnementaux, nous invitons régulièrement des élus sur site, afin qu'ils puissent se rendre compte dans la pratique de ce qu'apporte et fait une ressourcerie au quotidien, pour et avec les habitants. Nous pensons que les collectivités doivent soutenir ces structures sur le long terme, idéalement par des conventions pluriannuelles. Les collectivités peuvent aussi se positionner comme un guichet stable, pour pallier l'éparpillement des dispositifs de subventions, chronophages et paradoxalement coûteux pour les associations.
En l'absence de porteurs de projets, certaines collectivités ont décidé d'impulser elles-mêmes leur future ressourcerie – Romainville, Chaville, Syndicat intercommunal des ordures ménagères (SIOM) de la Vallée de Chevreuse. Elles peuvent aussi aller chercher et former des porteurs de projets et stimuler le réseau associatif, notamment par le biais des ressourceries éphémères. Cela consiste à implanter pendant quelques semaines une activité de réemploi dans des quartiers qui en sont dépourvus. Des collectes en pied d'immeuble sont organisées, tout comme des ateliers et des ventes solidaires ponctuelles, en partenariat avec des structures du réemploi avoisinantes et des associations locales. En plus de former des porteurs de projets, les ressourceries éphémères créent du lien avec les acteurs locaux et peuvent faire émerger la volonté de monter une structure pérenne. C'est ainsi qu'est née en 2016 une nouvelle ressourcerie à Villiers-le-Bel (Val-d'Oise), après qu'un lieu éphémère a été coanimé par le chantier d'insertion Initiatives multiples d'action auprès des jeunes (IMAJ).

”

Une tendance à noter dans le secteur du réemploi : les projets focalisés sur un type d'objet spécifique se sont multipliés ces dernières années. Des structures ont ouvert en proposant exclusivement, par exemple, des équipements sportifs (Recyclerie sportive), des vêtements (Bis boutique solidaire, Croix-Rouge…), des livres (RecycLivre), des matériaux, des vélos, des objets pour la petite enfance (Rejoué) ou même des cartons de déménagement (Carton plein). Cela constitue certainement une évolution qui facilite l'achat d'occasion, puisque les acheteurs sont plus assurés d'y trouver ce qu'ils recherchent.

La maison des objets du Smicval Market.

ILS L'ONT FAIT

LE « SMICVAL MARKET » du Libournais

Imaginer la déchèterie de demain en repartant de l'existant : c'est avec cet objectif que le Smicval, un syndicat de gestion des déchets de Haute-Gironde a entrepris de rénover une ancienne déchèterie sur son territoire. Ainsi a émergé le Smicval Market, un lieu qui a pour priorités le don et la réutilisation et qui cherche à s'extraire des logiques actuelles des déchèteries, plutôt conçues pour jeter « vite et bien ». Le site accueille une « Maison des objets », un bâtiment fermé dans lequel peuvent être déposés des objets en état de marche ou à réparer : livres, jouets, décoration, high-tech... Pas de benne ici, les objets sont entreposés sur des étagères et l'on circule librement à travers les rayons avec un caddie. Les visiteurs peuvent se servir gratuitement. À l'extérieur, on retrouve le « Préau des matériaux », un espace ouvert où sont entreposés différents matériaux et objets plus volumineux tels que des meubles, des tuyaux, des planches, des huisseries, des outils, du carrelage... Là aussi, un système d'étagères et de tiroirs permet au visiteur bricoleur de

récupérer ce qu'il souhaite. En fin de parcours se trouve une zone de dépôt pour les gravats, les végétaux et les déchets résiduels où chacun peut se servir en parpaings, bois de chauffe ou encore compost, issu de la plateforme de compostage.
Après un an de fonctionnement, les résultats sont au rendez-vous : la quantité de déchets totale à traiter a diminué de 30 %. Si ces résultats sont en partie dus à l'installation de portiques à badge qui contrôlent l'accès au site et limitent le dépôt de déchets professionnels (l'accès reste gratuit pour les particuliers), il ne fait aucun doute que la réutilisation y contribue également. En effet, les agents valoristes qui accueillent les usagers sur le site constatent que de nombreux objets sont directement récupérés, sans qu'ils soient comptabilisés dans les déchets sortants. Les visiteurs viennent également plus volontiers en famille et passent plus de temps qu'avant dans la déchèterie, ce qui implique aussi une amélioration du tri. Les déchets de la benne destinée à l'enfouissement ont diminué de 60 % et le taux de valorisation a augmenté de 85 %. Au niveau financier, l'opération est neutre : le coût de fonctionnement du Smicval Market, amortissement compris, est équivalent à celui d'une déchèterie traditionnelle récente sans dispositif de réemploi.

Plan du Smicval Market.

CHANTIER N° 5

S'ATTAQUER AU GASPILLAGE ALIMENTAIRE

En France, depuis le Pacte national de lutte contre le gaspillage alimentaire de 2013 et la loi dite « Garot » de 2016[55], la problématique du gaspillage alimentaire a été mise à l'agenda des acteurs publics comme privés. Il était temps : au total, près de 10 millions de tonnes de nourriture consommable sont gaspillées chaque année en France, ce qui équivaut à environ 150 kg par habitant et par an[56]. Des mesures nationales s'appliquent à certains maillons clés de la chaîne de production et distribution alimentaire, comme les acteurs de la grande distribution. Les collectivités sont également directement concernées puisqu'une partie de ce gaspillage alimentaire se joue dans les derniers maillons de la chaîne (consommateurs finaux, qu'il s'agisse d'individus ou de structures collectives) et pèse lourd dans les déchets pris en charge par le service public (de l'ordre de 20 kg par an et par habitant). Elles peuvent agir *via* des actions ciblées au sein des établissements dont elles ont directement la charge, comme les cantines scolaires, ou *via* des programmes locaux plus exhaustifs, visant également les habitants et les acteurs économiques du territoire.

En Belgique, la ville de Bruges (117 000 habitants) fait figure de pionnière avec un plan d'action initié en 2015 et motivé notamment par l'effet de levier que peut avoir la réduction du gaspillage alimentaire dans le cadre d'une politique de lutte contre les changements climatiques. S'appuyant sur des outils développés par l'organisation belge Foodwin[57], elle a pu commencer par quantifier le gaspillage alimentaire total sur son territoire. Elle a par ailleurs réuni l'ensemble des acteurs impliqués au sein d'un « Food lab », un conseil local ayant pour vocation de rendre les politiques et pratiques alimentaires plus durables.

55. Loi n° 2016-138 du 11 février 2016 relative à la lutte contre le gaspillage alimentaire.

56. Dossier sur le gaspillage alimentaire disponible sur Optigede, un site créé par l'Ademe et destiné aux collectivités et aux entreprises, pour l'échange et la diffusion d'outils et retours d'expérience sur l'économie circulaire et les déchets. www.optigede.ademe.fr

57. www.foodwin.org

Quelque 75 pistes d'action ont été identifiées, visant tous types d'activités, du marché aux poissons aux hôpitaux en passant par les commerçants et les organisateurs d'événements. Toutes n'ont pas encore été mises en œuvre ou évaluées, mais les progrès dans certains secteurs sont d'ores et déjà connus : au sein des établissements de santé ayant fait l'objet d'un accompagnement spécifique, une réduction de 43 % du gaspillage alimentaire a été mesurée.

ILS L'ONT FAIT

LA RÉDUCTION DU GASPILLAGE ALIMENTAIRE dans les cantines de Saint-André-de-Cubzac en Gironde

La commune de Saint-André-de-Cubzac vise l'objectif de zéro gaspillage alimentaire pour les quatre cantines scolaires de son territoire. Portée par l'adjointe au maire à l'Éducation et à la Jeunesse, Laurence Pérou, le projet s'est déroulé en plusieurs temps : la réalisation de pesées a tout d'abord permis de quantifier le gaspillage, qui s'est déjà révélé être de 40 % inférieur à la moyenne nationale, du fait de l'existence d'une cuisine sur place. Puis, la commune a mis en place un système d'inscription préalable (quinze jours à l'avance) pour les adultes déjeunant à la cantine et a étudié plus finement les chiffres du gaspillage pour adapter le nombre de repas nécessaires en fonction des jours de la semaine. Cette seule action a permis d'éviter le gaspillage d'environ 100 repas par jour, ce qui représente une économie de plus de 4000 € par mois. Les temps d'activités périscolaires (TAP) ont par ailleurs été dédiés au thème de l'alimentation et du gaspillage alimentaire pour sensibiliser les élèves (visite des cuisines, livre de recettes « anti-gaspi » distribué à chaque parent). Enfin, l'installation de composteurs dans chaque école a offert un exutoire pour les déchets non évités.

La commune travaille également à la mise en place d'un dispositif innovant : un frigo en libre accès pour distribuer les restes de repas non consommés à la cantine. Après une étude de faisabilité qui visait à lever les freins en termes d'hygiène et de réglementation, le projet devrait aboutir en septembre 2019 dans deux écoles.

Les fruits, les yaourts, mais aussi les plats cuisinés et non servis seront redescendus en température, conditionnés et acheminés vers un frigo installé dans l'espace public. L'entretien de celui-ci sera assuré en partie par des associations caritatives locales, qui feront aussi la promotion du frigo auprès de leurs adhérents. La commune a également opté pour un conditionnement Zéro Déchet puisque les plats seront proposés dans des bocaux en verre que chacun pourra rapporter pour réemploi. Ces frigos en libre-service pourront également accueillir les denrées non consommées déposées par les habitants.

CHANTIER Nº 6

PROMOUVOIR LES TEXTILES SANITAIRES RÉUTILISABLES

Selon l'Ademe, les couches jetables représenteraient environ 750 000 tonnes de déchets par an. Il faut 4 000 à 5 000 couches à un bébé avant qu'il devienne propre, soit environ une tonne de déchets[58]. À cela s'ajoutent les protections hygiéniques jetables, les mouchoirs, les lingettes et les autres textiles sanitaires. Dans les collectivités les plus avancées en matière de réduction des déchets, ces textiles sanitaires constituent l'un des trois flux encore fortement présents dans les ordures résiduelles, avec les plastiques et les déchets organiques. La réduction du jetable dans ces secteurs est donc un passage obligé pour aller plus loin.

Il existe une solution de rechange bien connue aux couches jetables : les couches lavables. Parfois considéré comme une option rétrograde, ou souvenir d'une époque pas si lointaine où le confort matériel quotidien était moindre, le système des couches lavables a pourtant beaucoup évolué. Elles sont adaptables en taille et fabriquées dans des matières diverses, et ont un petit plus : un voile, jetable ou compostable, permet de dissocier efficacement les selles de la couche pour s'en débarrasser plus facilement. Surtout, la couche lavable est économique : si l'investissement de départ dans un kit peut être important (de 300 à 800 €), à long terme les ménages économisent par rapport au jetable, dont le coût peut atteindre 1 500 € par enfant. Les couches lavables peuvent en outre être réutilisées pour un autre enfant ou revendues, ce qui diminue d'autant leur coût global.

58. Ademe Bretagne, « La couche lavable, l'essayer c'est l'adopter », janvier 2015.

Ce que peut faire une collectivité pour réduire les déchets de couches jetables

Pour accompagner les familles, les collectivités peuvent tout d'abord sensibiliser et encourager les parents à utiliser des couches lavables au moyen d'un prêt ou d'une aide à l'achat. Après avoir calculé que la gestion des déchets de couches lui coûtait quelque 145 000 € par an, la communauté d'agglomération du Gard rhodanien a ainsi décidé en 2017 de proposer le prêt d'un kit d'essai aux familles volontaires, premier jalon d'une action de promotion des couches lavables qu'elle poursuit désormais en direction des professionnels de la petite enfance[59].

Chargées de l'accueil de la petite enfance, les collectivités locales ont de fait un rôle clé dans l'évolution des pratiques au sein des structures d'accueil collectif. Les exemples se multiplient de crèches acceptant ou fonctionnant exclusivement avec des couches lavables. Les collectivités jouent là encore un rôle de mise en relation et de sensibilisation, faisant le lien entre les caisses d'allocations familiales, les services de la petite enfance et les professionnels du secteur. La ville de Besançon a par exemple organisé un voyage d'étude en Bretagne lors du passage de la crèche d'Époisses au lavable[60]. Les échanges entre professionnels permettent de définir au mieux les étapes à suivre, de l'expérimentation à la généralisation, d'adapter les locaux et conditions de travail et, bien sûr, de former les personnels pour que cela ne constitue pas une surcharge de travail. Pour surmonter les éventuelles craintes liées à l'hygiène, les collectivités pourront s'inspirer du dispositif mis en place début 2019 par le centre hospitalier intercommunal d'Alençon-Mamers, dont la maternité fonctionne désormais à 100 % avec des couches lavables et compte ainsi éviter 7 tonnes de déchets par an[61].

Enfin, les collectivités peuvent soutenir l'implantation d'un service de location-lavage de couches, destiné aux structures de petite enfance et/ou

---

59. Retour d'expérience à consulter dans la base Optigede de l'Ademe : www.optigede.ademe.fr/fiche/promotion-et-pret-de-couches-lavables

60. « Des couches lavables à la crèche », 7 avril 2017. www.lesprosdelapetiteenfance.fr/initiatives/developpement-durable/des-couches-lavables-la-creche

61. www.ouest-france.fr/leditiondusoir/data/43772/reader/reader.html?t=1548868685644&fbclid=IwAR-1pdjnvA3HRL9KDUVTbqRfiuNpamXFQhjpxmgPF6aKJwNGz_Q7U1RHIWJY#!preferred/1/package/43772/pub/63379/page/10

s'adressant directement aux parents. Certaines, comme Ma petite couche en région parisienne (36 000 couches jetables évitées en 2018, soit 9 tonnes de déchets) ou l'association de l'Atre (prestataire de services pour la maternité d'Alençon et environ 25 autres clients) ont ainsi pu créer chacun plusieurs emplois locaux.

Les autres textiles sanitaires jetables

En matière de protections hygiéniques menstruelles, une offre importante s'est développée sur Internet et dans les magasins spécialisés : coupes menstruelles, serviettes lavables, culottes absorbantes… Ces solutions répondent à la fois à l'impératif de réduction des déchets et aux inquiétudes des femmes quant aux produits potentiellement nocifs présents dans les tampons et serviettes jetables. Elles constituent également une option très économique, quand on sait qu'une femme dépense plusieurs milliers d'euros au cours de sa vie pour l'achat de ces protections.

Sur ce sujet, cependant, l'information reste encore trop souvent cantonnée à Internet ou à des groupes de discussion restreints. Il est pourtant à l'intersection entre éducation, santé et environnement, et l'objectif de réduction des déchets d'une collectivité peut être une belle opportunité de faire le lien entre ces différents domaines. Puisque très peu de plaquettes d'information existent sur ce sujet, pourquoi ne pas en éditer une et la diffuser auprès des médecins, des structures de santé dans les collèges et les lycées ou encore des associations telles que le Planning familial ?

Pour aller plus loin, on peut également organiser des réunions d'information ou d'échange pour sensibiliser et transmettre des conseils d'utilisation. À la Maison du Zéro Déchet (Paris), des bénévoles organisent régulièrement un atelier intitulé « Sensibilisation aux règles Zéro Déchet », qui permet aux participantes de découvrir les différentes possibilités et modèles de produits et d'entendre le témoignage d'autres femmes sur le sujet. Il affiche systématiquement complet !

Meuble de change et de rangement pour les couches et lingettes lavables dans une crèche de Besançon.

CHANTIER N°7

GÉNÉRALISER LE TRI À LA SOURCE

Créer la continuité du geste de tri

Le tri à la source de tous les déchets est une composante essentielle de la démarche d'un territoire Zéro Déchet. Le tri permet de sauver des matières de la décharge ou de l'incinération, et ouvre à une prise de conscience des usagers sur les déchets effectivement produits, mieux identifiés par « flux ».

Cependant, à l'heure actuelle, le geste de tri est souvent marqué par de nombreuses ruptures : d'un côté, il est encore rarement possible de trier dans les espaces et lieux publics, dans les gares, sur la voirie, dans les restaurants, etc. De l'autre, certains types d'acteurs ne trient pas tous leurs déchets (commerces, restaurants, etc.) et sortent des poubelles volumineuses ostensiblement remplies de déchets en partie recyclables ou compostables. Cet état de fait produit deux effets délétères : d'une part, la rupture du geste de tri rend sa diffusion à tous les usagers difficile. D'autre part, les plus motivés perdent patience, et les moins enclins à trier sont confortés dans l'idée que « ça ne sert à rien de trier », puisque « de toute façon » d'autres ne le font pas non plus.

La mise en place d'un système de tri là où préexistait une unique poubelle en mélange ne suffit pas : la période de changement doit être accompagnée d'une communication notifiant explicitement les modifications du système, les objectifs attendus, etc. Il est également stratégique d'inciter des acteurs comme les restaurateurs ou les commerces de proximité à communiquer sur le fait qu'eux aussi, en arrière-boutique, font le tri.

Quelles obligations réglementaires en matière de tri hors du foyer ?

La généralisation du tri a été actée par le décret du 10 mars 2016, communément appelé « Décret 5 flux ». Il oblige les

« producteurs et détenteurs de déchets de papier, de métal, de plastique, de verre et de bois » à les trier pour séparer ces flux des autres types de déchets, comme les matières organiques. Cette obligation de tri s'impose à toutes les entités collectées par un prestataire privé, sans seuil. Pour les entités collectées par le service public, elle s'applique passé un seuil minimum de production de 1 100 litres de déchets par semaine, soit l'équivalent de deux bacs-conteneurs classiques à quatre roues. La formulation de ce texte, qui mentionne les « producteurs et détenteurs » et renvoie à la notion d'« implantation », est donc particulièrement large et concerne tant des administrations publiques que des entreprises privées et des bureaux, des restaurants et des commerces de proximité, des universités, des gares, etc. Les communes sont en première ligne pour faire respecter cette réglementation, étant dotées du pouvoir de police spéciale en matière de déchets[62].

Le tri des biodéchets obéit quant à lui à une réglementation spécifique : d'ici 2023 et la généralisation attendue de cette pratique, ce sont tout particulièrement les gros producteurs qui doivent en assurer un tri dès lors qu'ils produisent plus de 10 tonnes par an[63].

Enfin, plus généralement, le règlement de collecte, élaboré par la collectivité chargée de l'enlèvement des déchets, est un texte à soigner dans le détail. Tous ceux qui bénéficient du service public de collecte des déchets (habitants, petits commerces...) y sont soumis. Le non-respect de ce document constitue une contravention de deuxième classe (amende d'un montant de 150 €[64]), qui peut être décidée par le maire ou l'intercommunalité selon les cas.

62. L'article L541-3 du Code de l'environnement donne ainsi une batterie de pouvoirs à l'autorité de police : obligation de consignation de fonds, mesures d'exécution d'office, pouvoir d'astreinte jusqu'à 1 500 € par jour, prononciation d'amendes jusqu'à 150 000 €.

63. Voir notamment l'arrêté du 12 juillet 2011 fixant les seuils définis à l'article R543-225 du Code de l'environnement.

64. Article R632-1 du Code pénal.

Une signalétique adaptée

La mise en place du tri dans les bâtiments publics et en particulier dans les écoles permet de toucher une population large et diversifiée, tout en sensibilisant au tri dès le plus jeune âge. Dans les cantines, les écoliers eux-mêmes peuvent trier leurs restes de repas, ce qui réduit la charge de travail des agents et responsabilise quant au gaspillage. La mise en place du tri est également très pertinente dans les restaurants d'entreprise. C'est ce que propose par exemple l'entreprise Moulinot, qui collecte et fournit des mobiliers et cheminements pensés et adaptés, ainsi qu'un temps de présence physique lors du lancement du tri pour superviser sa bonne mise en place.

Dispositif de tri en cantine.

D'une façon générale, les consignes de tri doivent être extrêmement claires et permettre à chaque personne, en un clin d'œil, de comprendre comment jeter ses déchets : des pictogrammes peuvent jouer ce rôle, mais l'on peut aussi adapter la forme des poubelles et leur couleur pour les transformer en véritables *nudges*, « coups de pouce » en anglais, qui consistent à « changer l'environnement dans lequel les individus font leurs choix pour mettre en relief les choix les plus avantageux pour le bien commun », explique Jean-Damien Grassias, du syndicat Émeraude[65].

65. Lire aussi son témoignage page 132.

Dans certains quartiers et dans les zones touristiques, le contexte multilingue est aussi un élément à prendre impérativement en compte. Enfin, les consignes doivent s'adapter à chaque type de lieu, et aux déchets qui y sont produits. Il est par exemple regrettable qu'il soit simplement stipulé « Emballages » ou « Papiers » sur une corbeille de tri située dans une gare, sans consigne précise s'agissant des gobelets, pourtant vendus en masse à quelques mètres seulement.

Poubelles de tri dans l'espace public à Rennes (à droite) et à Bruxelles (à gauche).

Ici par exemple, seuls de petits pictogrammes en relief figurent sur le dessus de la corbeille jaune et indiquent quels déchets y placer. Cela suffira à ceux qui trient déjà systématiquement, mais ne sera pas assez clair pour une partie de la population, en particulier sur l'aspect impératif ou seulement indicatif des pictogrammes.

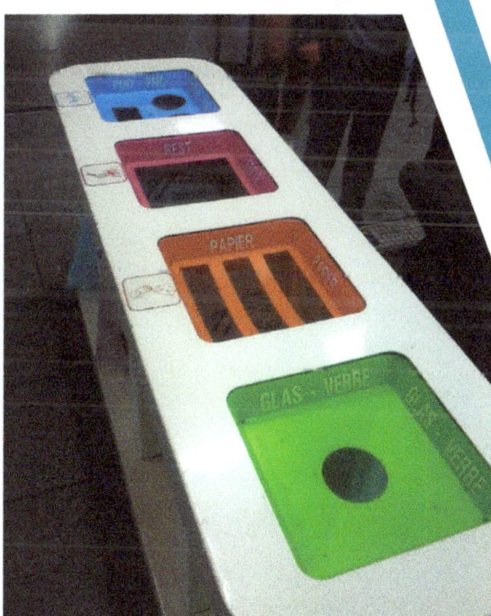

Dans ce dispositif de tri bruxellois, en revanche, les couleurs sont associées aux formes des déchets, ainsi qu'à des pictogrammes et à des instructions écrites en plusieurs langues. Les sacs sont bien distincts, ce qui lève le doute sur d'éventuels mélanges ultérieurs, et le dispositif oblige littéralement au tri tout en étant clair sur le geste à adopter. L'appellation « Reste » permet intuitivement à l'usager de jeter dans la corbeille résiduelle le déchet qui ne correspondrait à aucune autre catégorie.

Pouvons-nous imaginer, demain, des corbeilles de rue surmontées d'une case en Plexiglas contenant un « vrai » exemplaire du déchet à trier, comme une bouteille d'eau neutre agrafée ou une canette bien visible ? Le dispositif bruxellois mentionné ci-avant serait parfait !

Des dispositifs hybrides en milieu urbain dense

En milieu urbain dense, l'installation de points de collecte de taille plus importante, au design travaillé, peut également faciliter la généralisation du geste du tri. Ils rendent le déchet bien plus visible dans la rue, complètent utilement le manque de place dans certains immeubles et sont adaptables pour capter des déchets au-delà des flux classiques (cartons, textiles, petits déchets électroniques, piles et ampoules...).

Ainsi, à Paris, 40 stations « Trilib » ont été installées à titre expérimental en 2016-2017, en partenariat avec l'éco-organisme Citéo[66]. Elles offrent une solution de tri supplémentaire pour les cartons, les emballages, les textiles et le verre. Chaque borne permet la collecte d'environ 20 tonnes de déchets : un tiers du tonnage provient du verre, un autre tiers est constitué des papiers et des cartons. Le reste est majoritairement composé de textiles (environ 14 %) et de plastique et de métal (9 %). La qualité du tri y est meilleure, puisque le taux de refus (14 %) est deux fois plus faible qu'en porte-à-porte. Signe que le tri dans l'espace public est fondamental pour les emballages de « consommation nomade », les caractérisations réalisées pointent aussi les quantités plus importantes de petites bouteilles en polyethylene terephthalate (PET) comparé aux collectes jusque-là en place. Selon une enquête réalisée auprès des usagers, environ 17 % d'entre eux abandonnent l'usage de leur bac jaune : tous les autres utilisent les stations comme complément ou pour pallier l'absence de bac dans leur immeuble.

Le dispositif de tri, installé sur des places de stationnement, ne mesure pas plus de 5 mètres de long, et permet par la même occasion de faire progresser le chantier relatif à la réduction des automobiles en milieu urbain. Le déploiement des stations devrait être généralisé dans les prochaines années (entre 700 et 1 000 points d'apport prévus), avec quelques adaptations, en particulier l'harmonisation des consignes de tri faisant suite à l'extension mise en place depuis le 1er janvier 2019.

---

66. Voir la fiche Optigede : www.optigede.ademe.fr/fiche/experimentation-trilib-paris.

À Parme, le dispositif Eco-station fonctionne sur le même modèle. Semblables à de véritables petites maisons, ces stations sont installées dans des endroits stratégiques : places, parkings, ronds-points. Les usagers peuvent venir y déposer le verre, le carton, les emballages, mais également leurs déchets organiques. Un bac est également prévu pour les ordures résiduelles, mais il ne peut être utilisé que grâce à une carte « Usagers » individuelle, liée au système de tarification incitative appliqué à Parme.

Une écostation dans la ville de Parme (Italie).

PLASTICA
ARATTOLAME
TETRA PAK
3
CARTA
2
RIFIUTO
ORGANICO
1
PAPIER
ECO
STATION
Raccolta
dei rifiuti
differenziata
SÌ
NO
SÌ
NO
Raccolta differenziata
dei rifiuti

CHANTIER N° 8

AGIR *VIA* LA COMMANDE PUBLIQUE DE FOURNITURES, SERVICES ET TRAVAUX

La commande publique est régulièrement identifiée comme un levier important pour le développement durable. Au-delà de l'incantation, il faut cependant passer à l'action et faire évoluer, petit à petit, la politique d'achat de la collectivité. En l'espèce, la stricte gestion des déchets ne suffit plus. C'est là la principale difficulté : faire la chasse au gaspillage dans tous les achats, aussi transversaux soient-ils. Le Code de la commande publique, entré en vigueur le 1er avril 2019, donne des outils juridiques concrets aux acheteurs.

Dès la définition du besoin, il revient à l'acheteur d'identifier les flux de déchets pouvant être générés par l'achat de telles fournitures, telles prestations ou tels travaux, et d'avoir à l'esprit qu'il existe probablement des produits alternatifs. L'acheteur doit être vigilant sur le jetable (barquettes alimentaires, gobelets, bouteilles d'eau, stylos jetables), sur le gaspillage alimentaire, sur les documents de communication datés et rapidement obsolètes, etc.

ILS L'ONT FAIT

LA SUPPRESSION DES BARQUETTES jetables dans les cantines de l'Eurométropole de Strasbourg

En 2017, à Strasbourg, des parents d'élèves avaient interpellé les élus locaux sur les risques présentés par l'usage du plastique pour la cuisson et le service des repas dans les cantines scolaires des écoles maternelles et primaires (migration de perturbateurs endocriniens vers les aliments) et le gigantesque volume de déchets produits. L'Eurométropole de Strasbourg a alors décidé de supprimer les barquettes plastiques jetables au profit de bacs en inox réutilisables. Au moment du renouvellement du marché de fourniture des cantines, la collectivité a pris soin de préciser dans son cahier des clauses particulières les objectifs poursuivis (50 % de matériel réutilisable au bout de deux ans, quasiment 100 % à l'échéance du marché, d'une durée de quatre ans). D'autre part, elle a fait de cette volonté un élément déterminant de la notation de la valeur technique des entreprises candidates : le sous-critère relatif au conditionnement et aux contenants représente 9 % de la note finale allouée aux offres. Le prestataire a pu s'adapter à cette demande et proposer une offre répondant aux critères, sans surcoût au niveau du prix unitaire des repas.

Ainsi, le passage au réutilisable dans les self-services pour les écoles primaires a pu s'effectuer de manière quasi immédiate. En revanche, pour les écoles maternelles, où le service se fait à table, il est nécessaire d'investir dans des chariots adaptés, de prévoir des espaces de stockage ou de lavage ou encore d'installer un point de service central dans la salle à manger pour que les repas soient maintenus au chaud avant d'être servis à l'assiette aux enfants. Ces adaptations nécessitent plus de temps et peuvent entraîner un surcoût quand les locaux n'ont pas été conçus ainsi. Les locaux de certaines écoles sont ainsi progressivement adaptés, à raison de quatre à six par an.

À Strasbourg, d'ici 2022, le passage aux bacs en inox réutilisables évitera l'utilisation d'un million et demi de barquettes plastiques jetables par an.

Par ailleurs, il apparaît souvent nécessaire de revoir le fonctionnement des marchés de collecte et traitement des déchets des administrations et lieux publics. En effet, les marchés sont parfois conclus sans distinguer les différents flux dont les biodéchets, qui peuvent être produits au sein des administrations, des hôpitaux, des universités, etc. Le cas échéant, il est possible d'allotir (diviser en plusieurs lots) les marchés dès le départ pour favoriser l'accès de plus petites entreprises spécialisées dans la collecte de certains flux.

En outre, il est désormais possible de raisonner avec la notion de coût du cycle de vie, ce qui permet aux acheteurs d'évaluer tous les coûts, en particulier environnementaux, et d'en tenir compte dans la présentation des offres et les critères d'attribution. Cette notion est définie par la réglementation comme « l'ensemble des étapes successives [...] depuis l'acquisition des matières premières ou la production des ressources jusqu'à l'élimination, la remise en état et la fin de l'utilisation du produit, de l'ouvrage ou la fin du service ». Des spécifications techniques ou des écolabels liés à l'objet du marché peuvent être utilisés. Plus classiquement, l'ajout de critères environnementaux, dont la pondération peut être augmentée pour peser dans la notation finale, facilite la prise en compte de l'environnement dans les procédures d'achat.

À noter que jusqu'en 2022, les acheteurs publics peuvent bénéficier de dérogations procédurales substantielles pour les marchés de travaux, fournitures ou services innovants dont le montant est inférieur à 100 000 €[67].

LES CLÉS DU SUCCÈS

Pour faire évoluer les pratiques, voici un exemple de démarche globale :

- Le plus en amont possible, anticiper les appels d'offres (voir le témoignage ci-après).
- En impliquant le service achat, réaliser un audit des achats de la collectivité durant l'année écoulée et de leur impact « ressources » (provenance et quantité de produits à usage unique, de produits neufs, catégories de déchets générés, etc.).
- Sur la base de cet audit, élaborer une charte qui fixe les grands principes de la politique d'achats publics, qui devra être votée par les élus et communiquée à tous les services.
- Communiquer largement cette charte, notamment aux entreprises du territoire, afin qu'elles s'adaptent à ces exigences et développent progressivement de nouvelles offres et services ; proposer des formations à ces entreprises, le cas échéant, en partenariat avec les structures de développement économique locales.
- Appliquer cette charte dans la rédaction des appels d'offres.

67. Voir le décret n° 2018-1225 du 24 décembre 2018.

- Organiser des formations pour le service achat.
- En aval, réaliser régulièrement des bilans d'appels d'offres, recensant ceux qui se sont soldés par la mise en place d'une alternative et ceux qui n'ont pas pu aboutir sur ce volet.

ANTOINETTE GUHL,

adjointe à la mairie de Paris, chargée de l'Économie sociale et solidaire, de l'Innovation sociale et de l'Économie circulaire

La Ville de Paris, qui compte environ 52 000 agents, a un volume d'achat compris entre 1,6 et 2 milliards d'euros par an. Faire évoluer nos pratiques a donc un impact important au niveau communal, et améliore les modèles et réflexions au sein même des entreprises soumissionnaires, tout en donnant de nouvelles références à celles qui sont retenues. J'ai commencé le mandat par la mise en place d'un schéma de promotion des achats publics socialement et écologiquement responsables[68], afin de donner une assise juridique et politique à la démarche.
Pour appliquer concrètement ce schéma, nous avons créé une « commission d'anticipation des achats » : y siègent des élus, proportionnellement à leur représentation au Conseil de Paris, et dans des conditions qui garantissent le secret des discussions, comme en commission d'appel d'offres. De douze à dix-huit mois avant le lancement de chaque marché, les services présentent le projet d'achat. Les élus peuvent alors faire valoir leur avis très en amont pour véritablement influer sur le contenu du marché. Les besoins sont rediscutés en profondeur. Cette procédure a porté à 40 % le nombre de marchés contenant au moins une clause d'économie circulaire ! Nous avons ainsi fait en sorte que 75 % des cadeaux achetés par nos 350 crèches en régie ne contiennent pas de plastique, conformément à notre souhait de réduire le recours à ce matériau. Cette anticipation nous permet vraiment d'éplucher tous les marchés. Pour les plaques de rue, nous sommes passés d'une garantie de quinze ans à une garantie de quarante-cinq ans. La grande qualité des plaques,

68. Ce schéma a été rendu obligatoire par la loi n° 2014-856 du 31 juillet 2014 relative à l'économie sociale et solidaire pour les acheteurs publics. Le seuil est fixé à 100 millions d'euros d'achat par an par le décret n° 2015-90 du 28 janvier 2015.

en acier recyclé émaillé, continuera d'être assurée, et les habitants pourront constater au quotidien l'aspect concret d'une démarche d'économie circulaire. Le travail ne s'arrête pas là : bien sûr nous œuvrons à un meilleur sourçage de nos achats (textiles bio et équitables ou recyclés, mobilier issu de forêts durablement gérées, etc.), mais nous avons aussi développé une plateforme de don au sein même de la Ville de Paris, pour faire circuler les objets ne servant plus aux uns, qui pourraient être utiles aux autres.
Nous formons progressivement les agents à l'économie circulaire, en commençant par les très nombreux volontaires. Pour ce faire, nous utilisons notamment la Maison des canaux, dans le XIXe arrondissement, qui est un lieu réhabilité selon les préceptes de l'économie circulaire. Plus en détail, chaque service reçoit des formations adaptées aux achats passés. Par exemple, le service architecture a été sensibilisé au réemploi, avec la mise en place du pavillon circulaire pendant plusieurs mois sur le parvis de l'Hôtel de Ville. Un atelier du réemploi de plusieurs milliers de mètres carrés installé dans le XIIIe arrondissement, reçoit désormais des rebuts de chantiers à réhabiliter, ce qui nous a amenés à redécouvrir les « mains d'or », ces agents disposant de compétences manuelles précieuses qui avaient été oubliées.
En 2014, il fallait convaincre ; aujourd'hui, le discours a évolué, dont celui des agents qui trouvent encore plus de sens à leur métier, et sont de plus en plus engagés à titre personnel.
”

CHANTIER N° 9

ACCOMPAGNER LES INITIATIVES ENTREPRENEURIALES EN MATIÈRE D'ÉCONOMIE CIRCULAIRE

Les initiatives entrepreneuriales visant à préserver les ressources et à réduire les déchets connaissent un véritable dynamisme, dans tous les domaines : vente en vrac de produits alimentaires, confection de produits réutilisables en remplacement des produits à usage unique, développement d'offre de location ou de seconde main, création de filières de réutilisation ou de recyclage pour des flux de déchets encore peu développés, comme les articles de sport, le bâtiment ou la peinture…

Une collectivité peut agir pour structurer et développer cette offre d'activités au niveau local. Au-delà de l'objectif de réduction de déchets, il s'agit aussi d'un levier de développement économique et de création d'emplois. Mieux vaut d'ailleurs anticiper ce besoin, car une collectivité qui se lance pleinement dans une démarche Zero Waste constate souvent une augmentation de sollicitations et de demandes d'installation sur le territoire de la part de porteurs d'initiatives en économie circulaire. Futures concurrentes d'entreprises de grande taille bien établies, ces structures ont un modèle économique souvent plus fragile et se heurtent à des difficultés réglementaires ou techniques (réglementation inadaptée pour des projets en démarrage, flou juridique…). Pour minimiser ces obstacles et sécuriser les projets, le parrainage des collectivités se révèle utile[69].

L'accompagnement de ces initiatives territoriales passe par la création d'instances d'échanges et d'interactions entre les acteurs économiques et les porteurs de projets. L'organisation et l'animation de ces temps d'échanges, qui peuvent être formalisés par la création d'un ou de

69. Pour approfondir le cadre juridique des différentes aides publiques, consulter le très didactique *Guide des outils d'action économique* réalisé par le Conseil d'État.

plusieurs « clubs » ou « groupes de réflexion », permet en effet d'identifier des synergies, de comprendre les besoins des porteurs d'initiatives et de créer une émulation autour du projet Zéro Déchet porté par le territoire. Cette dynamique peut s'inscrire dans le cadre d'un partenariat avec les structures traditionnellement dédiées au développement économique (CCI, associations de commerçants, pôle de développement économique...). Au-delà des échanges, la démarche peut se poursuivre par la réalisation d'une étude sur les possibilités et les besoins en matière d'activités Zéro Déchet. Il est également possible de créer un lieu physique pour faciliter l'accès à des locaux ou encore d'imaginer des synergies avec d'autres actions portées par la collectivité, comme les défis familles Zéro Déchet ou la politique d'achats publics responsables.

L'exemple du projet des confitures Re-Belle, réalisées à partir d'invendus alimentaires, est instructif : l'entreprise, qui compte désormais 17 salariés, a bénéficié de subventions du département de la Seine-Saint-Denis pour la phase de préfiguration du projet, notamment les tests sanitaires, ainsi que pour des investissements matériels, et d'une aide logistique de la mairie de Paris pour la collecte des invendus. L'activité de préparation alimentaire, soumise à des règles d'hygiène strictes, a même obtenu un accès partagé à une cuisine professionnelle partiellement utilisée, grâce à la mairie d'Aubervilliers.

ÉTIENNE VITRÉ,

directeur du Cyclad,
syndicat mixte du nord de la Charente-Maritime

Notre démarche de réduction des déchets est ancienne et nous avons régulièrement essayé de « secouer le cocotier », c'est-à-dire de remettre à plat notre système pour ne pas entrer dans l'autosatisfaction. Sur le développement d'activités économiques dans le champ du Zéro Déchet et de l'économie circulaire, il y a eu plusieurs étapes : au départ, c'est le binôme directeur/président qui prenait cela en charge, quand l'emploi du temps le permettait. Puis, on a ouvert de nouvelles possibilités de développement en modifiant les statuts du Cyclad pour lui permettre d'investir directement dans des projets industriels,

par exemple un méthaniseur agricole dans lequel nous sommes actionnaires à 30 % et qui a pu accueillir nos biodéchets.
Et enfin, en mai 2017, nous avons créé Cyclab, notre laboratoire en innovation et en valorisation des déchets. Il ne s'agit pas d'une nouvelle structure juridique, mais d'une marque sous laquelle nous accompagnons le développement de projets très variés. Cyclab compte désormais 62 projets à son actif et nous y consacrons trois postes en équivalent temps plein. Tous les projets qui en sortent doivent tenir la route d'un point de vue économique, c'est une exigence que nous nous sommes fixée ! Le premier projet lancé, la création d'un jeu d'extérieur en bois (le jeu des « Douze pieds »), a renforcé l'activité de sept acteurs du territoire qui interviennent dans sa fabrication et d'utiliser des ressources récupérées dans les déchets du Cyclad : bois de mobilier, draps usagés de l'hôpital de La Rochelle, peinture. Le jeu est désormais commercialisé par un autre acteur du territoire, la Camif. Nous avons montré qu'une collectivité pouvait porter un projet collaboratif.
Parmi les autres projets développés ou accompagnés : une bière locale fabriquée à partir de pain dur (La Fée Nixe), une activité de conserverie à partir des invendus d'un supermarché (Cyfruileg), des biscuits issus de résidus de brasseries produits et vendus localement (Croq d'orge), et des actions plus simples comme le tri et la récupération de pots de peinture non utilisés, au profit d'associations du territoire qui devaient auparavant les acheter.
Notre prochaine étape : le lancement des Trophées Cyclab, pour dynamiser encore la création d'activités de détournement et de valorisation de déchets sur le territoire. Cyclab va aussi se charger de monter des *clusters* (associations d'entreprises et d'organismes publics) en économie circulaire et se pencher sur un moyen de commercialisation pour les petites structures de notre territoire.
»

«

ALEXANDRE GARCIN,

adjoint à la mairie de Roubaix

Suite à son engagement dans une démarche Zéro Déchet, la ville de Roubaix a constaté un bond des sollicitations relatives à des projets en lien avec l'économie circulaire. Pour y répondre et accompagner le développement

de ces nouvelles activités, nous avons créé différents espaces d'échanges. Tout d'abord, le « Club des futurs » réunit les personnes désireuses de se reconvertir professionnellement dans un domaine plus en accord avec leurs convictions personnelles. Les participants sont souvent issus du défi « famille Zéro Déchet » organisé par la Ville et ont formulé le souhait de développer une activité dans le domaine.
Ensuite, le « Club des entrepreneurs » réunit les entreprises dont le projet est déjà bien défini et vise à trouver des synergies et à lever les freins qu'elles pourraient rencontrer. Depuis le début du mandat, nous estimons qu'une quarantaine d'emplois en lien avec le Zéro Déchet ont été créés au sein de structures fraîchement installées sur le territoire.
Et nous ne voulons pas nous arrêter là : nous avons travaillé avec des chercheurs pour définir les activités et les modèles économiques qui pourraient fonctionner à Roubaix, car ils font sens d'un point de vue historique ou répondent à des opportunités présentes sur le territoire. Une fois identifiées, ces idées et opportunités sont mises à disposition des membres du « Club des futurs », qui peuvent choisir de s'en emparer et les mettre en œuvre. Plusieurs activités ont ainsi été mises en place sur le territoire ces dernières années, comme le projet Campus Market, qui propose un service de collecte et de revente de meubles aux étudiants lors des périodes de déménagement, ou comme NIIJI-Eat&Back, un système de *lunchboxes* consignées.
Les choses devraient s'accélérer en 2019 avec l'installation d'un « tiers-lieu » au sein d'un site à réhabiliter. Pensé pour être entièrement modulaire, il abritera entre autres un *cluster* de l'économie circulaire avec sa « maison de l'économie circulaire et du Zéro Déchet » et proposera des formations mais aussi des possibilités d'incubation de projets en économie circulaire ou encore des zones de test pour de petites productions.
Notre objectif, c'est de pousser les entreprises à se faire une place dans un système économique local plutôt que de chercher en priorité à s'intégrer dans l'économie mondialisée. Je suis convaincu que c'est cela qui est véritablement créateur de valeur et de lien social pour nos territoires. Ce faisant, nous construisons à côté des modèles économiques existants un nouveau système économique, centré sur les interactions entre les différentes parties prenantes, et qui part des habitants et de leur désir de changer les choses.
C'est révolutionnaire mais, bien sûr, ça prend du temps !

”

LES CLÉS DU SUCCÈS

- Créer et animer des espaces d'échanges pour les porteurs de projets et les entreprises du territoire.
- Identifier les besoins et les possibilités en matière de création d'activités Zéro Déchet encore inexistantes sur le territoire.
- Faciliter l'accès aux données et aux informations dont dispose la collectivité en tant que gestionnaire des déchets et d'autres services publics (informations sur les flux de déchets, annuaire des entreprises, foncier disponible).
- Faciliter l'accès à des locaux et à des espaces de stockage.
- Faire se rencontrer l'offre et la demande en créant des synergies avec la politique d'achat public menée par la Ville ou encore avec la politique de mobilisation des habitants autour du Zéro Déchet.

LA GESTION DES DÉCHETS AU NIVEAU LOCAL : L'ESSENTIEL À SAVOIR

L'ORGANISATION DE LA GESTION DES DÉCHETS

Composteur collectif de quartier

Qui décide ? La copropriété ou les élus locaux.

Qui finance ? Si le projet est privé (copropriété), des aides communales ou intercommunales peuvent cependant être attribuées.

Qui exploite ? La gestion du composteur peut être assurée par les usagers, mais l'accompagnement par un maître composteur est fortement recommandé.

Les camions de collecte

Qui décide ? Les élus locaux composant l'assemblée de l'intercommunalité.

Qui finance ? La collecte est prise en charge sur le budget de l'intercommunalité.

Qui exploite ? Tout ou partie des collectes peuvent être confiées à une entreprise privée, ou bien être opérées en régie publique.

La poubelle de la copropriété

Qui décide ? L'intercommunalité, *via* le règlement de collecte, établit quels sont les déchets qui doivent être triés, dans quels bacs et avec quelle fréquence de collecte.

Qui finance ? L'intercommunalité fournit les bacs, mais l'entretien et la sortie des bacs sont à la charge des habitants.

Les commerces

Qui décide ? L'intercommunalité, *via* le règlement de collecte, établit quels sont les déchets dits « assimilés » qui doivent être triés, dans quels bacs et avec quelle fréquence de collecte.

Qui finance ? Le commerçant est soumis à la redevance spéciale, ou à la taxe votée par l'intercommunalité.

Qui exploite ? La collecte peut être assurée en régie, ou déléguée à une entreprise privée.

La poubelle de rue

Qui décide ? Les élus locaux et les services de la voirie et de la propreté.

Qui finance ? Les coûts de mise en place et de collecte sont pris en charge sur le budget de la collectivité locale.

Qui exploite ? La collecte peut être assurée en régie, ou déléguée à une entreprise privée.

Point d'apport volontaire

La recyclerie

Qui décide ? Les projets peuvent être initiés par le privé et/ou le public.

Qui finance ? Les usagers *via* leurs achats, l'État au travers d'aides sociales, les collectivités par d'éventuelles subventions, certains éco-organismes.

Qui exploite ? Les structures sont variées : associations, coopératives, sociétés.

Usine d'incinération

Qui décide ? Les élus locaux composant l'assemblée de l'intercommunalité.

Qui finance ? L'investissement repose sur l'intercommunalité ou le délégataire privé constructeur (le cas échéant, une redevance est versée par la collectivité).

Qui exploite ? L'exploitation peut être assurée en régie (rare) ou confiée à une entreprise privée.

Centre de tri

Qui décide ? Les élus locaux composant l'assemblée de l'intercommunalité, ou une entreprise privée.

Qui finance ? L'investissement et le fonctionnement sont pris en charge par la collectivité ou par l'industriel propriétaire. L'éco-organisme en charge de la filière emballage contribue (soutien à la tonne triée, modernisations…).

Qui exploite ? L'exploitation peut être assurée en régie, ou déléguée à une entreprise privée.

L'usine de recyclage (Hors territoire)

Les entreprises privées propriétaires des usines concluent des contrats d'achat et conviennent du prix des matières issues des centres de tri, avec la collectivité et l'éco-organisme concerné.

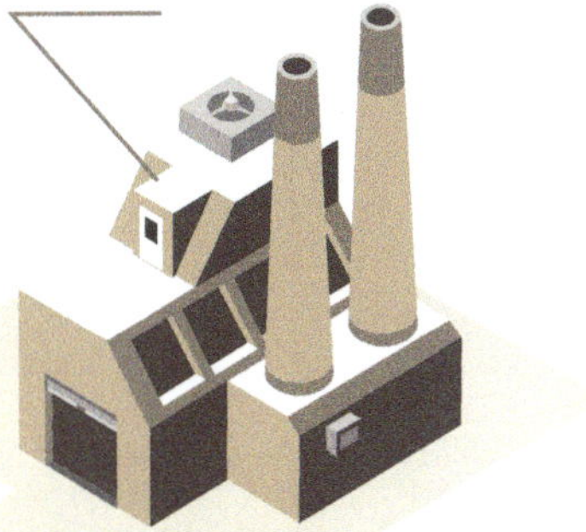

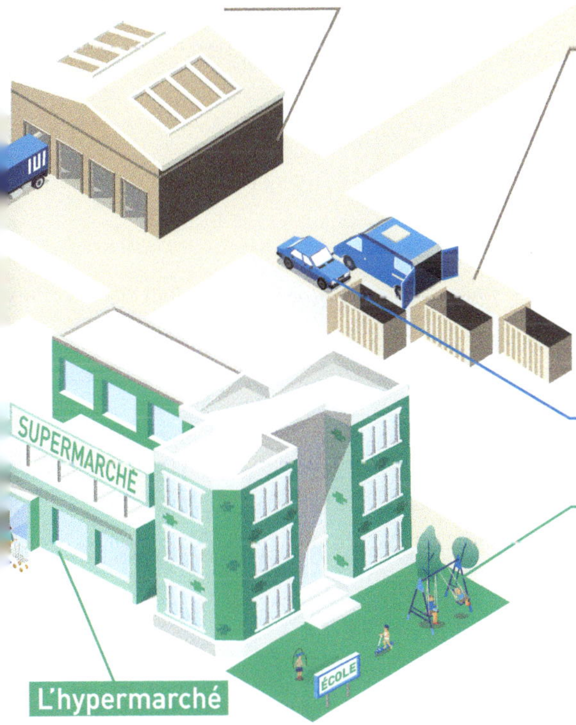

La déchèterie

Qui décide ? Les élus locaux composant l'assemblée de l'intercommunalité.

Qui finance ? L'investissement et le fonctionnement sont pris en charge par la collectivité. Certaines filières industrielles contribuent (meubles, déchets chimiques…).

Qui exploite ? L'exploitation peut être assurée en régie, ou déléguée à une entreprise privée.

La voiture individuelle

L'école

Qui décide ? L'intercommunalité, *via* le règlement de collecte, établit quels sont les déchets qui doivent être triés, dans quels bacs et avec quelle fréquence de collecte.

Qui finance ? L'école paye la redevance spéciale, ou la taxe votée par l'intercommunalité.

Qui exploite ? La collecte peut être assurée en régie, ou déléguée à une entreprise privée.

L'hypermarché

Qui décide ? L'hypermarché organise et finance la collecte de ses déchets, en dehors du service public.

Qui finance ? La prestation est réalisée par des sociétés privées.

Les infrastructures — Les gisements — Les flux

La gestion des déchets ménagers s'organise à l'échelle territoriale : les décisionnaires sont les élus locaux, au niveau des communes mais aussi et surtout des intercommunalités. En effet, voici plusieurs dizaines d'années que des communes se rapprochent pour mutualiser les installations de traitement, et parfois gérer ensemble la collecte de leurs déchets.

La loi NOTRe (Nouvelle organisation territoriale de la République), adoptée en 2015, confirme cette orientation et précise la répartition des compétences de chaque niveau :

- Les **communes** sont chargées de l'entretien de la voirie ; elles conservent aussi leurs prérogatives en matière de développement local et touristique, d'activités culturelles et sportives, et bien sûr d'accueil des enfants depuis la crèche jusqu'à la fin de l'école primaire. Autant de domaines dans lesquels les choix effectués (et notamment les achats publics) impliquent des consommations de ressources et auront un impact sur la production de déchets.

- Les **intercommunalités** (établissements publics de coopération intercommunale, ou EPCI – qui peuvent prendre diverses formes juridiques[70]) assument la collecte et le traitement des déchets ménagers. Certains EPCI seront également chargés d'actions de développement économique ou encore de promotion du tourisme. Dans ces domaines, l'encadrement et l'accompagnement des acteurs privés est essentiel pour réduire et améliorer la gestion des déchets, voire transformer ou remplacer les activités ou modèles économiques les plus consommateurs de ressources. Le traitement des déchets est de plus en plus souvent transféré à des syndicats qui peuvent atteindre une échelle (inter)départementale.

- Les **régions** sont chargées d'élaborer un plan de prévention et de gestion des déchets, ainsi qu'un plan d'actions en faveur de l'économie

70. Les syndicats de communes, les communautés de communes, les communautés urbaines, les communautés d'agglomération, les syndicats d'agglomération nouvelle et les métropoles. « Les EPCI, tout en étant des groupements de collectivités territoriales, restent des établissements publics. Ils sont donc régis, en tant que tels, par un principe général de spécialité qui ne leur donne compétence que pour les domaines et les matières que la loi leur attribue ou pour ceux qui leur sont délégués par les communes membres. Les EPCI ne disposent pas de la clause de compétence générale », peut-on lire sur le site www.vie-publique.fr.

circulaire. L'influence des régions sera aussi déterminante au travers de ses autres compétences en matière de développement économique (aux côtés des intercommunalités) et d'innovation, d'aménagement du territoire ou encore dans le domaine de la formation professionnelle.

Les acteurs de la gestion des déchets :

➧ Les **élus** des communes sont élus au suffrage universel direct. Ils sont donc les interlocuteurs privilégiés des citoyens, mais ils ont aussi pour responsabilité de siéger dans les assemblées des intercommunalités qui prennent les décisions structurantes pour la gestion des déchets. Un maire ou un élu municipal chargé des déchets ne peut donc par exemple pas décider tout seul de mettre en place une nouvelle collecte de déchets, mais sa détermination à convaincre ses collègues au sein de la communauté d'agglomération, du syndicat ou encore de la métropole sera essentielle.

Les élus municipaux ne siégeant pas dans les instances intercommunales chargées des déchets auront eux aussi un rôle clé, chacun dans leur domaine (affaires scolaires, vie associative, commerce et artisanat, etc.) et peut-être dans le cadre d'autres structures intercommunales, chargées par exemple de la restauration scolaire de plusieurs établissements.

➧ Les **producteurs de déchets** eux-mêmes : habitants, commerçants, restaurateurs et acteurs du tourisme, entreprises de services ou industries…

➧ Les **opérateurs ou exploitants** des services et des installations de gestion des déchets : lorsque le service public n'est pas assuré en régie, il est délégué à des entreprises privées qui coordonnent le ballet des camions-poubelles, exploitent les usines de traitement ou les centres de tri. Ces entreprises offrent aussi ces services à d'autres acteurs publics ou privés non couverts par le service public.

➧ De **nouveaux prestataires de services** positionnés sur une offre d'accompagnement à la réduction des déchets pour les collectivités ou les entreprises, ou encore proposant des solutions Zéro Déchet destinées directement aux habitants : filières vrac, consigne, biodéchets, etc.

L'ESSENTIEL... SUR LA COLLECTE DES DÉCHETS

La collecte des déchets constitue une des activités principales du service public de gestion des déchets. Au-delà de la collecte des ordures ménagères résiduelles (la poubelle du tout-venant contenant les déchets non recyclables), une ou plusieurs collectes séparées sont organisées pour les déchets recyclables (principalement les emballages).

Les collectes séparées en vue du recyclage

La collecte séparée obéit à un « schéma de collecte » défini par la collectivité, qui varie selon plusieurs grandes modalités : porte-à-porte ou apport volontaire, déchets recyclables en mélange ou séparés (le papier est parfois séparé des emballages). Le verre, quant à lui, est le plus souvent collecté en apport volontaire, dispositif parfois complété par une collecte en porte-à-porte comme à Paris.

Ces déchets recyclables, qui peuvent transiter par des plateformes de regroupement, sont ensuite envoyés vers des centres de tri, qui permettent d'exclure les ordures non recyclables (qualifiées de « refus de tri »), et de regrouper les flux par matières, afin de les compacter en balles, à destination des usines de recyclage.

Focus : l'extension des consignes de tri

L'extension des consignes de tri, qui devrait être généralisée en France d'ici 2022[71], prévoit que tous les emballages pourront être triés séparément et donc orientés vers un centre de tri. Cela change notamment la donne pour les plastiques, dont seuls les bouteilles et flacons figuraient jusqu'alors dans les consignes de tri.

---

71. L'extension des consignes de tri est déjà en place dans plusieurs collectivités françaises. Cette généralisation est actée dans la loi de transition énergétique pour la croissance verte adoptée en 2015.

Dans un rapport d'étape[72], l'éco-organisme Citéo (voir l'encadré « les filières REP », ci-dessous) a estimé qu'en moyenne, avec ces nouvelles règles de tri, 4 kg d'emballages par habitant et par an sont recyclés en plus. Pour éviter toute déception, l'extension des consignes de tri appelle cependant une transparence renforcée, sur le sens de cette mesure (faciliter le tri) et le devenir de ces déchets (tous les plastiques triés ne seront pas recyclés, et il faut également travailler à la réduction à la source des déchets).

Les déchèteries

Les systèmes de collecte en porte-à-porte et d'apport volontaire sont complétés par un réseau dense de déchèteries, environ une pour 14 000 habitants[73]. Celles-ci reçoivent des types de déchets très variés (meubles, gravats, déchets de jardin, déchets dangereux) et favorisent un tri plus précis qu'avec les seules consignes de tri des collectes classiques. Les déchets des déchèteries représentent près de 40 % de l'ensemble du flux de déchets ménagers. Une fois rassemblés en déchèterie, ces déchets sont envoyés dans des filières spécifiques : usines de traitement par incinération ou autres procédés, pour les déchets qui présentent un risque pour la salubrité publique (déchets chimiques, pneus, piles), recyclage, compostage ou réemploi pour les autres (gravats, branchages, meubles).

LES FILIÈRES REP

Certains flux de déchets collectés en déchèterie ou en porte-à-porte sont couverts par une filière de responsabilité élargie des producteurs (REP). Le mécanisme s'inspire du principe « pollueur-payeur » selon lequel le producteur assume ou compense les coûts environnementaux liés à la production, à l'utilisation ou à la fin de

72. Extension des consignes de tri, rapport d'étape, 2017.

73. Ademe, *Déchets. Chiffres-clés*, 2017, p. 41.

vie de ses produits. Aujourd'hui, en France, plusieurs filières appliquent ce mécanisme : emballages, meubles, médicaments, piles et accumulateurs, véhicules hors d'usage, déchets d'équipements électriques et électroniques... Et il continue de s'en créer, le gouvernement ayant annoncé son intention de couvrir également les jouets, les articles de sport ou encore les mégots de cigarettes.

Dans la pratique, les producteurs de ces biens versent une petite somme pour chaque produit mis sur le marché (une « éco-contribution ») à un éco-organisme dont ils sont membres. Cet éco-organisme devient alors l'interlocuteur des collectivités pour soutenir financièrement et/ou orienter vers les bonnes filières de traitement les déchets relevant de son périmètre (par exemple les déchets arrivant en déchèterie). L'éco-organisme est tenu de respecter un cahier des charges qui fixe différents types d'objectifs, comme le pourcentage de recyclage. Parmi les enjeux cruciaux des prochaines années, il y a la nécessité, pour ces éco-organismes, de se mobiliser plus fortement en faveur de l'éco-conception des produits. Il faudra également s'assurer que leur gouvernance, à l'heure actuelle essentiellement assurée par les metteurs en marché et fabricants de produits, ne constitue pas un frein à la réduction des déchets.

Ce principe de REP s'applique notamment depuis 1992 aux emballages ménagers et oblige les entreprises qui mettent sur le marché des produits emballés à contribuer aux coûts de collecte et de traitement de leurs déchets d'emballages. Celles-ci adhèrent donc à un éco-organisme, en l'occurrence Citeo, qui reverse ensuite une part des contributions qu'il perçoit aux collectivités locales pour les aider à financer la collecte et le tri des emballages. D'autres pays d'Europe, comme l'Allemagne[74], ont choisi à l'inverse de maintenir des systèmes de consigne sur les emballages de boissons, qu'ils soient réutilisables (bouteilles en verre principalement) ou jetables (bouteilles plastiques, canettes). Ces systèmes ont le mérite de garantir des taux de recyclage élevés pour les emballages consignés et, surtout, de préserver des dispositifs de réemploi et de lavage des bouteilles en verre. En France, le principe de la consigne est aujourd'hui de nouveau évoqué par

74. En Allemagne, 42 % des emballages de boisson ménagers sont réutilisés, contre un taux proche de zéro en France. Source : Gesellschaft für Verpackungsmarktforschung GmbH (GVM), 2018.

certaines entreprises, en vue du recyclage des emballages rapportés au point de vente et non de leur lavage pour réemploi (comme c'était auparavant le cas pour les bouteilles en verre). Le mécanisme de consigne s'appliquerait alors principalement aux bouteilles en plastique polyethylene terephthalate (PET), qui font l'objet de convoitises, car leur recyclage est bien maîtrisé d'un point de vue technique et donc rentable financièrement. Certes, cela ferait sans nul doute progresser les taux de recyclage de ce matériau, mais le fait d'exclure le verre de ce dispositif n'encouragerait pas la réutilisation des emballages. En dehors des bouteilles plastiques, les autres types d'emballages plastiques, qui sont aussi les moins recyclables, resteraient quant à eux en partie à la charge des collectivités.

L'ESSENTIEL… SUR LE TRAITEMENT DES DÉCHETS

Les déchets qui ne sont pas triés séparément ou non recyclables sont orientés vers des installations dites de « traitement » ou d'« élimination », des termes discutables puisque les déchets, et les polluants qu'ils contiennent, ne disparaissent pas pour autant.

Les décharges

En tout, près de 18 millions de tonnes de déchets, incluant ceux produits par les activités économiques, ont été enfouies en 2014 dans les décharges françaises, appelées en langage technique « installations de stockage de déchets non dangereux » (ISDND). On en compte ainsi 232 en exploitation, à ciel ouvert, auxquelles s'ajoutent les installations de stockage pour déchets dangereux (16 sites) et celles recevant les gravats du bâtiment et de la construction (environ 1 000 sites). Cette technique dite de « stockage » n'est ni temporaire, comme pourrait le laisser entendre ce terme, ni totalement maîtrisée : entassés, les déchets fermentent et dégagent du méthane, un gaz à effet de serre 21 fois plus puissant que le CO_2 sur une période de cent ans[75]. Les systèmes de captage n'en récupèrent qu'une partie : la réglementation en vigueur[76] impose que le gaz soit prioritairement dirigé vers un dispositif de valorisation puis, le cas échéant, d'élimination par combustion. En fermentant, les déchets libèrent par ailleurs des liquides résiduels, auxquels s'ajoutent les eaux de pluie, qui percolent pour former les « jus de décharge », appelés « lixiviats ». Ils concentrent les polluants et les substances toxiques contenus dans les ordures mélangées, notamment les métaux lourds. Obligatoires depuis 1997 et disposées dans le fond des décharges actuelles, les membranes de protection ne font cependant que retarder la pollution des sols : leur durée de vie ne peut être estimée précisément.

---

75. Voir www.ademe.fr
76. Arrêté du 15 février 2016.

En outre, leur imperméabilité à certaines substances toxiques au bout de quelques dizaines d'années ne peut être démontrée[77].

Les incinérateurs

Lorsque les poubelles en mélange ne sont pas envoyées en décharge, elles sont dirigées vers des usines d'incinération, au nombre de 124 sur le territoire français, traitant 31 % des déchets ménagers et assimilés[78]. L'incinération consiste à traiter les déchets par combustion afin d'en réduire le volume et le poids et, dans la majorité des usines, produire de l'énergie au cours de ce processus (électricité et/ou chaleur).

Hélas, ce processus ne fait pas disparaître complètement les déchets : selon les conditions de combustion et la composition des déchets, sur chaque tonne de déchets incinérés, environ 200 kg ressortent sous forme de cendres et résidus imbrûlés appelés « mâchefers », et une trentaine de kilogrammes sous forme de « résidus d'épuration des fumées d'incinération d'ordures ménagères » (REFIOM). Les mâchefers sont majoritairement utilisés, après une phase de maturation, en remblai routier[79], sauf s'ils sont trop pollués ou ne trouvent pas preneur. Les REFIOM sont quant à eux des déchets classés dangereux, renvoyés en décharge ou en comblement d'anciennes mines allemandes de sel ou de potasse. StocaMine, le seul site français de ce type situé dans le Haut-Rhin, a cessé d'accueillir les déchets dangereux suite à un incendie en 2002.

Le coût d'évacuation de ces déchets issus de l'incinération est en forte augmentation. Il a par exemple doublé pour les mâchefers au cours des dix dernières années pour le Syctom, l'agence métropolitaine des déchets ménagers en Île-de-France[80].

---

77. Le projet de recherche Durageos sur la durabilité des géosynthétiques dans les installations de stockage de déchets concluait ainsi en 2013 que « les résultats des essais de quantification des transferts à l'échelle de la barrière d'étanchéité et de leur écotoxicité ne permettent pas de démontrer l'absence de risques sanitaire ou environnemental ». Source : ministère de l'Écologie ; www.developpement-durable.gouv.fr/IMG/pdf/DURAGEOS_RapportFinal_vf.pdf
Voir aussi la thèse soutenue par Carlota Pons en 2012 : www.theses.fr/2012PEST1157.pdf

78. Ademe, *Déchets. Chiffres-Clés*, 2018, p. 13.

79. Pour les conditions d'utilisation, voir l'arrêté du 18 novembre 2011.

80. Présentation du 20 décembre 2018 à l'Ordif, rencontre technique titrée « Quel traitement pour les déchets non dangereux en Île-de-France ? ». De 22,1 € la tonne en 2009 pour le transport et le traitement, ce coût est passé à 45,2 € en 2017.

Les émissions atmosphériques des usines d'incinération obéissent à une réglementation officielle (voir l'arrêté du 20 septembre 2002), mais elles ne sont pas nulles : elles s'ajoutent à la pollution de l'air ambiante. Pour chaque usine, les rapports annuels obligatoires permettent de connaître les émissions par mètre cube de fumée, et les flux totaux.

Surtout, l'incinération détruit des matières précieuses qui auraient pu être réutilisées, compostées, recyclées ou tout simplement préservées grâce à une démarche de prévention à la source.

Le coût de construction des usines, de 80 à plusieurs centaines de millions d'euros, tout comme leur coût d'exploitation, implique de les faire fonctionner en continu et au maximum de leur capacité technique. Leur modèle économique, lié à la facturation à la tonne des déchets et à la revente d'énergie par l'exploitant, fige le système. Le fait qu'une collectivité soit propriétaire d'un incinérateur est donc une réelle entrave à l'engagement de politiques de réduction drastique des déchets.

TMB, UVO, et autres acronymes limpides

Lorsque les ordures résiduelles ne sont pas directement envoyées en décharge ou en incinération, il arrive qu'elles passent par des usines dites de « tri mécano-biologique » (TMB). Il en existe une cinquantaine en France, développées depuis les années 2000, souvent à l'initiative de collectivités locales ayant recours à l'enfouissement. L'objectif de ces installations est de séparer les différentes fractions des ordures ménagères en mélange, notamment les déchets organiques, c'est-à-dire de trier… ce qui n'a pas été trié ! Si l'intention est louable, la méthode a ses limites : qualité médiocre des composts, difficulté à recycler des déchets trop souillés (hormis les métaux), accidents, incendies et pannes récurrentes… Les nombreux fiascos observés sur le terrain, dont plusieurs rapports de chambres régionales des comptes se sont fait l'écho[81], et les bénéfices tout relatifs malgré le prix des usines, qui peuvent coûter plusieurs dizaines de millions d'euros, ont conduit le législateur à mettre le holà.

---

81. Voir Cour des comptes, *Rapport annuel 2017* (« L'usine de traitement des déchets Amétyst de Montpellier : un pari sur un processus industriel complexe ») ; rapport CRC Auvergne Rhône-Alpes du 27 juillet 2017 (SYTRAD) ; rapport CRC-Occitanie du 14 décembre 2018 (Communauté d'agglomération Béziers-Méditerranée).

La loi de transition énergétique pour la croissance verte du 17 août 2015 constate ainsi que le tri à la source demeure la manière la plus efficace de s'occuper des déchets et, prévoyant la montée en puissance du tri à la source des biodéchets d'ici 2025, a logiquement qualifié cette technologie de « non pertinente », et considéré que la construction de nouvelles usines devait être « évitée ». Plusieurs contentieux locaux ont précisé le sens de cette loi. Désormais, en l'absence de gestion séparée des biodéchets sur un territoire donné, aucune nouvelle usine ne devrait être construite[82]. En tout état de cause, l'installation ne devrait avoir qu'un rôle complémentaire au sein de territoires ayant fait leurs preuves en matière de tri à la source des biodéchets, sans d'aucune manière ralentir le déploiement prioritaire de celui-ci.

Entre-temps, certains projets et installations existantes ont simplement été renommés : « tri méthanisation » (lorsque le TMB est couplé à une usine de méthanisation de la fraction fermentescible), « tri compostage » (lorsque le TMB est couplé à un processus de compostage), ou encore « unité de valorisation organique » (UVO).

La tendance est désormais à faire de ces usines des machines à évaporer (les biodéchets étant essentiellement composés d'eau) et à produire des combustibles. À l'image de l'usine Altriom, située en Haute-Loire, qui affirme « valoriser 90 % de la poubelle grise ». Ce sont en réalité environ 40 % de combustibles qui ressortent de l'usine, ainsi que 21 % d'évaporation, 10 % de recyclables, 15 % de compost normé et 6 % de compost enfoui[83].

En Italie du Nord, la pratique du « pré-TMB » a pour unique objectif de stabiliser les ordures résiduelles et d'extraire les recyclables. Il y a une différence de taille avec le TMB tel que décrit ci-avant : le pré-TMB est appliqué par des collectivités dont les ordures ménagères résiduelles sont déjà faibles (déchets très bien triés en amont), et dont les biodéchets captés sont séchés (stabilisation) pour que leur volume soit réduit, mais ne servent pas à produire du compost.

---

82. Voir en particulier CAA Lyon, 4 juillet 2017, n° 14LY02514 ; CAA Bordeaux, 14 novembre 2017, n° 16BX00688 ; CAA Bordeaux, 12 décembre 2017, n° 17BX01387 (un pourvoi en cassation est en cours et devrait amener le Conseil d'État à rendre une décision en 2019).

83. Voir le dossier de Zero Waste France : www.zerowastefrance.org/dossier-1-3-usines-tri-mecano-biologique

LES COMBUSTIBLES SOLIDES DE RÉCUPÉRATION (CSR)

L'autre tendance de ces dernières années est de produire grâce à des usines de TMB des « combustibles solides de récupération » (CSR). Ces combustibles sont destinés, s'ils trouvent preneurs, à servir de sources d'énergie dans l'industrie cimentière, ou à être traités dans des chaudières spécifiques afin de produire de la chaleur et/ou de l'électricité. Leur potentiel énergétique (aussi dit «pouvoir calorifique inférieur») étant bien supérieur à celui d'ordures humides en mélange, les industriels espèrent désormais réaliser un parc entier d'équipements, pour près de 2,5 millions de tonnes[84]. Avec seulement quelques projets opérationnels de chaudières en France, cette filière peine à démarrer bien que bénéficiant d'aides de l'Ademe et d'un cadre réglementaire *ad hoc*. Le marché ne semble pas vouloir s'inverser et constituer l'eldorado parfois promis : ces combustibles n'ont pas de valeur marchande pour leurs détenteurs, qui doivent payer pour s'en défaire auprès des exploitants de chaudières (de l'ordre de 30 à 40 € par tonne). Au mieux, ils ont une valeur nulle permettant de s'en défaire gratuitement, tels les déchets de pneus, dont le pouvoir énergétique est très important. Les coûts de la filière sont donc très similaires à l'existant (décharges/incinération), avec de légères variations selon les situations.

Surtout, cette solution perpétue le recours à l'incinération sous une autre forme, seulement plus efficace d'un point de vue énergétique, et ne permet pas de préserver la matière.

84. Voir notamment *Position de la Fnade. Développement de la filière CSR en France*, 19 octobre 2015.

LES INDICATEURS DE PERFORMANCE POUR SITUER SON TERRITOIRE

Les OMR

S'il y a bien une notion à connaître dans le jargon des déchets, c'est celle d'ordures ménagères résiduelles (OMR). Ce terme désigne tous les déchets des ménages, collectés en porte-à-porte, qui ne sont pas triés à la source en vue d'un recyclage – en clair, la « poubelle grise » de chaque foyer. Le poids des OMR[85] et son évolution dans le temps sont des indicateurs utiles, puisqu'ils permettent de connaître la quantité d'ordures ménagères qui est envoyée en décharge ou en incinérateur. La quantité d'OMR peut être réduite, d'une part en limitant à la source la production de déchets, d'autre part en maximisant le tri et le recyclage. Les quantités d'OMR donnent donc une bonne indication de l'efficacité cumulée de ces deux leviers d'action.

L'analyse de la composition des OMR est également riche d'enseignements[86]. Des quantités importantes de déchets organiques ou d'emballages recyclables indiquent que des marges de progression en matière de tri existent. La présence d'autres types de déchets (les textiles sanitaires, les petits objets électroniques, les tissus…) révèlent le besoin d'agir en amont pour faire progressivement évoluer les modes de consommation.

Les DMA

Les déchets ménagers et assimilés (DMA) désignent tous les déchets produits sur le territoire et tombant dans le périmètre du service public de gestion des déchets (déchets produits par les ménages ou « assimilés »). Cet indicateur permet donc de connaître le poids cumulé des OMR

---

85. Pour comprendre ce chiffre, le plus simple est de le rapporter au nombre d'habitants, ce qui est traditionnellement fait dans les rapports annuels.

86. Cette opération est appelée « caractérisation des déchets ». Les collectivités utilisent pour cela une méthode conçue par l'Ademe et baptisée Modecom.

(déchets non recyclés), des déchets collectés séparément en vue de leur recyclage (emballages, verre, papiers…) et des déchets apportés dans les déchèteries ou à d'autres points d'apport volontaire (encombrants, textiles). Ces caractéristiques en font un indicateur de choix pour mesurer l'efficacité des mesures de prévention des déchets. En effet, la seule amélioration du tri et du recyclage n'influe pas sur les quantités de DMA rapportées. À l'inverse, la réduction du gaspillage alimentaire, la réutilisation de meubles ou de jouets ou la suppression des emballages a pour effet de faire diminuer les tonnages de DMA produits.

Tout comme pour les OMR, comprendre l'évolution des DMA nécessite souvent une analyse plus fine de la composition des déchets et de l'origine des flux. À l'heure actuelle, les quantités de DMA produites sur un territoire demeurent étroitement liées à l'activité économique et au niveau de vie des habitants présents. On constate toutefois depuis 2011 une tendance moyenne de baisse des quantités de déchets ménagers produits[87]. Tout l'enjeu pour les années à venir réside dans l'accélération du découplage entre les DMA produits, le confort et la qualité de vie !

OÙ TROUVER CES INFORMATIONS ?

Le « rapport annuel sur le prix et la qualité du service public de gestion des déchets » constitue un document de référence sur les performances de son territoire. Toute collectivité chargée du service public de gestion des déchets est tenue de réaliser ce rapport chaque année[88]. Il contient des informations relatives aux quantités collectées, à leur destination, au coût de l'organisation du service public et aux modalités de son financement. Normalement disponible sur le site Internet de la collectivité compétente, il peut, à défaut, être demandé aux services responsables. En effet, ce document doit être librement consultable par tout citoyen.

En plus du rapport annuel, il est parfois possible de trouver les résultats de caractérisations de déchets menées sur son territoire. Ces opérations consistent à analyser le contenu et la composition des déchets (souvent résiduels) produits, et font donc remonter

87. Ademe, *Déchets. Chiffres-clés*, 2017, p. 26.

88. Voir Ademe, *Clés pour agir. Rapport du service public de prévention et de gestion des déchets ménagers et assimilés*, février 2017.

des informations très précieuses pour orienter et prioriser l'action locale en faveur de la réduction des déchets. Elles ne sont cependant pas réalisées de manière systématique et ne sont pas obligatoirement rendues publiques. D'autres documents sont communicables de droit et peuvent être consultés pour réaliser un état des lieux : c'est le cas par exemple des rapports d'exploitation des différentes usines du territoire (installations classées), des contrats publics conclus avec des entreprises et des rapports des délégataires de service public.

De manière générale, la réglementation[89] incite aujourd'hui à la mise en place d'une véritable comptabilité analytique du service public, et à l'instauration d'indicateurs techniques et financiers.

Quelles performances en France ?

En France, en moyenne, 261 kg d'OMR[90] sont produits par habitant chaque année. Mais cette moyenne dissimule des disparités importantes entre les territoires. Traditionnellement plus élevées dans les collectivités urbaines ou touristiques, du fait de l'intégration des déchets produits par les petits commerces et entreprises et de modes de consommation plus « nomades », les quantités d'OMR sont également fortement dépendantes des politiques mises en œuvre en matière de tri et de prévention. Elles peuvent ainsi atteindre plus de 350 kg/hab/an dans les agglomérations de Paris ou de Marseille, alors que la métropole de Lyon affiche un résultat de 225 kg/hab/an. Même chose pour les zones périurbaines ou rurales où, si la plupart des collectivités locales se situent dans la moyenne, certaines affichent de bien meilleurs résultats : en 2017, d'après l'enquête de Zero Waste France, 91 intercommunalités (représentant plus de 3,3 millions d'habitants) produisaient ainsi moins de 150 kg d'OMR par habitant et 20 étaient sous le seuil symbolique des 100 kg d'OMR/hab/an[91], rappelant les performances des champions européens

89. Voir en particulier le décret n° 2015-1827 du 30 décembre 2015.

90. Ademe, *Déchets. Chiffres-clés*, 2018, p. 11.

91. Données issues de l'enquête sur les territoires performants réalisée par Zero Waste France en mars 2019.

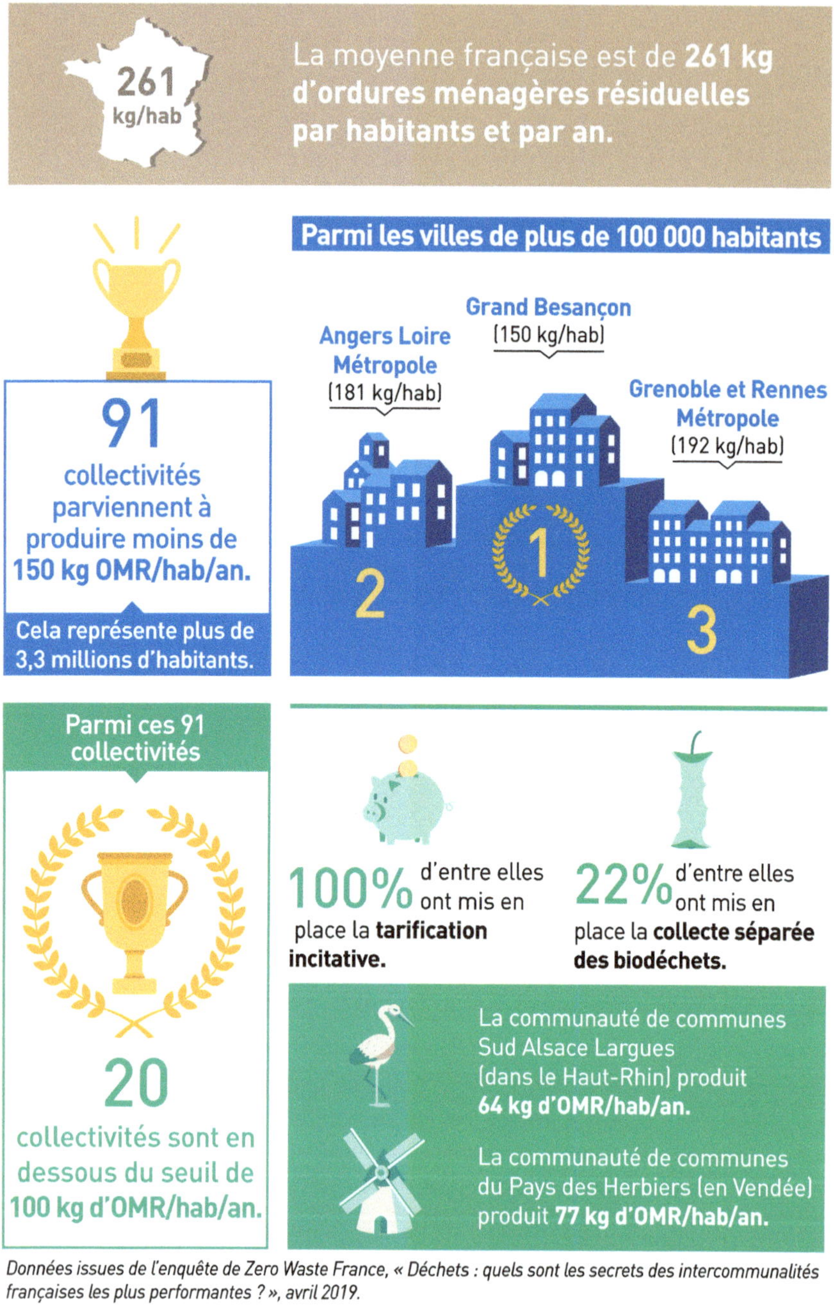

Données issues de l'enquête de Zero Waste France, « Déchets : quels sont les secrets des intercommunalités françaises les plus performantes ? », avril 2019.

Panorama des performances des territoires français.

en la matière comme la province de Trévise (55 kg OMR/hab) et la ville de Capannori (72 kg OMR/hab), toutes deux en Italie. Si la plupart de ces collectivités se situent dans des zones rurales, certaines agglomérations comme le Grand Besançon parviennent au même niveau de performance (150 kg OMR/hab). À noter qu'une grande majorité de ces collectivités locales ont mis en place des systèmes de tarification incitative, souvent couplés à des dispositifs de gestion séparée des biodéchets (collecte séparée ou développement du compostage de proximité).

En ce qui concerne les DMA, ils représentent 573 kg par habitant en France en moyenne, avec là aussi de fortes disparités entre les collectivités locales, qui peuvent s'expliquer par l'efficacité des actions de réduction à la source des déchets (incitation au réemploi et aux modes de consommations éco-responsables), mais aussi par la typologie du territoire (présence d'activités économiques, forte production de déchets de jardin, accueil de touristes, etc.).

Focus. Que dit la réglementation ?

En 2035, en application de la réglementation européenne, les États membres devront réemployer et recycler 65 % de leurs déchets dits « municipaux ». Les régions et les intercommunalités compétentes sont donc tenues d'atteindre cet objectif. La réglementation européenne a également renforcé certaines exigences statistiques : dorénavant, seuls les métaux extraits des mâchefers d'incinération – et non plus toutes les matières utilisées comme remblai – pourront entrer dans la catégorie des déchets recyclés. Cette catégorie sera aussi réservée, à partir de 2027, aux biodéchets triés à la source et excluera les composts produits dans des usines de tri mécano-biologique[92].

En matière de réduction nette des déchets, la loi de transition énergétique de 2015 fixe un objectif de baisse de 10 % des DMA entre 2010 et 2020.

En 2013, soit avant la loi NOTRe qui a entraîné la fusion de plusieurs intercommunalités, l'Ademe estimait pour sa part que plus de 170 collectivités collectaient moins de 150 kg/hab/an d'OMR. Voir *Les Avis de l'Ademe*, « Quel avenir pour le traitement des déchets résiduels ? », p. 6.

92. Voir notamment article 11bis paragraphes 4 et 6 de la directive UE 2008/98 du 19 novembre 2008.

L'ESSENTIEL... SUR LES COÛTS

Les coûts de la gestion des déchets

En France, la gestion des déchets ménagers et assimilés coûte chaque année 10,4 milliards d'euros, sans compter le nettoyage des rues, qui suscite une dépense supplémentaire de 1,6 milliard d'euros[93]. Ce coût, qui a doublé depuis l'an 2000, croît plus rapidement que d'autres indicateurs comme le produit intérieur brut, en raison des investissements lourds réalisés ces dernières décennies pour mieux capter et traiter les déchets, de la multiplication des circuits de collecte, tout comme du renforcement des exigences environnementales et des taxes frappant les activités polluantes. Voilà une somme d'argent colossale qui pourrait être mieux répartie, notamment en faveur de la prévention, qui génère à court et long terme des économies importantes, tout en réduisant l'impact des déchets sur l'environnement.

Comprendre les différents niveaux de coûts

L'analyse des coûts supportés par les collectivités est une activité ardue, mais heureusement très bien documentée par l'Ademe dans son référentiel national des coûts[94]. La typologie des collectivités est un premier point à prendre en compte. L'Ademe retient cinq catégories d'habitat : l'habitat rural, le mixte à dominante rurale ou urbaine, l'urbain et l'urbain dense. En outre, les coûts peuvent être exprimés à la tonne ou par habitant, selon ce que l'on cherche à mesurer, et ce pour tous les types de flux, séparés ou regroupés. Les grandes catégories de flux sont les ordures ménagères résiduelles, les recyclables secs hors verre, le verre et les déchèteries.

Par ailleurs, plusieurs types de coûts peuvent être exprimés :
- Le coût complet inclut toutes les charges ;

---

93. Ademe, *Déchets. Chiffres-clés*, 2017, p. 80.

94. Ademe, Awiplan SARL, *Référentiel national des coûts du service public de prévention et de gestion des déchets en 2014. Rapport*, 2017. Voir également la synthèse de ce rapport.

- Le coût technique correspond au coût complet moins les produits industriels comme les recettes tirées de l'énergie produite ;

- Le coût partagé revient au coût technique moins les soutiens des éco-organismes ;

- Le coût aidé est le coût partagé moins les aides publiques.

Retenons que ces coûts permettent d'exprimer différentes réalités : le coût complet donne une idée... complète, tandis que le coût aidé représente le reste à charge des collectivités, c'est-à-dire ce que les contribuables payent en taxe ou en redevance relative à l'enlèvement des ordures ménagères, une fois soustraites les différentes aides et recettes de vente de matériaux.

Un mélange des genres est possible. On peut exprimer un coût « complet par tonne », tout comme retenir, de façon plus didactique, un coût « aidé par habitant » (c'est-à-dire le reste à charge des collectivités, divisé pour chaque contribuable).

Coût complet	=	**Total charges**
Coût technique	=	**Coût complet** moins les produits industriels
Coût partagé	=	**Coût technique** moins les soutiens des éco-organismes
Coût aidé	=	**Coût partagé** moins les aides

En habitat rural, le coût aidé médian du service public de gestion des déchets est de 76 € par habitant, et monte à 90 € en habitat urbain[95].

Le coût complet à la tonne le plus élevé concerne les déchets secs recyclables, c'est-à-dire les emballages et les papiers (médiane de 443 € par tonne en habitat mixte à dominante rurale). Mais ce chiffre ne signifie pas que les emballages et papiers sont ceux qui coûtent le plus cher à l'usager, au contraire : le coût aidé par habitant pour ce même flux

95. La notion de médiane divise un ensemble en deux moitiés, alors qu'une moyenne agrège toutes les valeurs et les divise par l'effectif total. Le coût aidé moyen du service public de gestion des déchets en France est de 93 € par habitant et par an.

ne correspond qu'à 8 % de la facture déchets des ménages, du fait notamment des soutiens versés par les éco-organismes aux collectivités pour gérer les déchets recyclables.

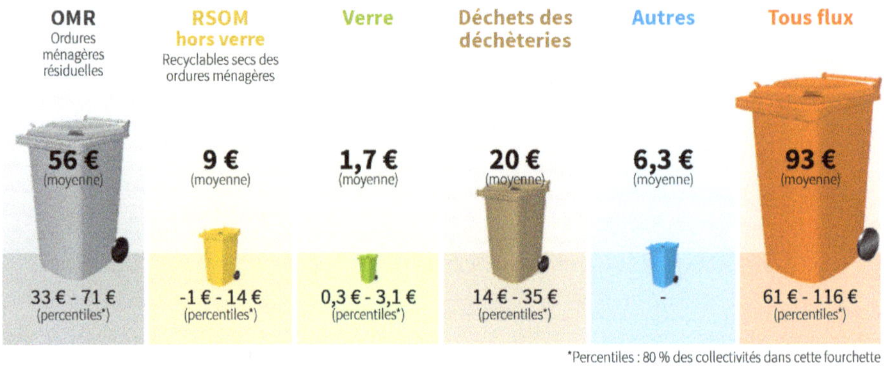

Coût aidé moyen en euros, hors taxes, par habitant et par an.

Source : Ademe, *Référentiel national des coûts du SPGD*, 2017, p. 3.

Comprendre la composition des coûts

Une autre manière d'apprivoiser la répartition des coûts est de les analyser par grande étape de gestion des déchets. En premier poste de dépense vient la collecte des déchets (45 %), puis leur traitement (37 %), et enfin le transport hors activités de collecte et les charges fonctionnelles (17 %). Il manque un seul petit pourcent pour obtenir un compte rond : la prévention (dépenses de sensibilisation, etc.) !

On peut aussi analyser la répartition des coûts par type de déchets : les ordures ménagères résiduelles, qui représentent presque 40 % des tonnages collectés, donc moins de la moitié des déchets gérés, atteignent pourtant 60 % du coût aidé par habitant (le fameux reste à charge du contribuable). Les déchets des déchèteries, qui représentent presque 40 % du tonnage total, ne représentent quant à eux que 21 % du coût aidé par habitant.

À l'intérieur de ces coûts et de ces pourcentages, il existe des facteurs de dispersion, des éléments prépondérants faisant varier le coût final calculé. Par exemple, pour les ordures ménagères résiduelles, les facteurs de dispersion prépondérants sont bien sûr la quantité des déchets, la fréquence de collecte et les distances parcourues. Pour les flux provenant des déchèteries, ces facteurs sont surtout la quantité collectée (à nouveau) et le nombre d'habitants desservis par unité. La connaissance de ces éléments n'est pas une fin en soi, mais peut aider à prendre des décisions pour optimiser le service.

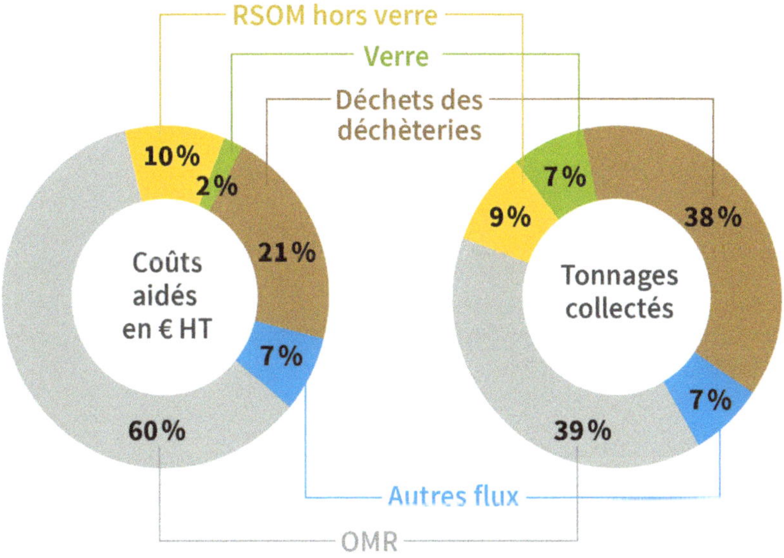

Répartition des coûts et des tonnages par flux.
Source : Ademe, *Référentiel national des coûts du SPGD*, 2017, p. 8.

Quant au coût de traitement, il dépend du procédé utilisé. Si l'on prend l'exemple des ordures ménagères résiduelles, sur lesquelles nous avons la marge de progrès la plus importante (grâce au tri et à la prévention), la mise en décharge coûte en médiane[96] (non en moyenne) 86 € par tonne ; l'incinération coûte autour de 110 € par tonne, avec de fortes disparités selon les collectivités, la revente d'énergie pouvant faire baisser ce coût.

96. Amorce/Ademe, *Performances, recettes et coûts des unités de traitement thermique*, DT 83, décembre 2016.

Le coût de ces modes de traitement pris individuellement est voué à augmenter du fait d'une fiscalité visant à encourager la prévention et le tri des recyclables et des biodéchets. C'est la taxe générale sur les activités polluantes (TGAP) qui joue ce rôle : montant forfaitaire payé en plus pour chaque tonne enfouie ou incinérée, cette taxe a été réformée par la loi du 28 décembre 2018 de finances pour 2019. Payé par les exploitants des installations de traitement, son montant va augmenter jusqu'en 2025, date butoir de nombreux objectifs fixés par la loi de transition énergétique[97]. Par exemple, le taux unique applicable aux tonnages envoyés en décharge sera en 2025 de 65 € par tonne (en 2019, ce taux oscille dans une fourchette allant de 17 à 41 € par tonne). Pour les incinérateurs, le taux atteindra une fourchette oscillant de 15 à 25 € par tonne (contre une fourchette allant de 3 à 15 € par tonne en 2019). Il s'agit d'une occasion majeure de refaire les comptes, de mettre à plat la gestion des déchets, et de basculer vers une minimisation radicale des tonnages à éliminer, source d'économies à plus long terme. Car si le montant de la facture va augmenter « par tonne », c'est bien la réduction des tonnes qui doit faire baisser le coût « par habitant ».

---

97. Les taux, variables selon les modalités d'exploitation des installations, peuvent être retrouvés en détail à l'article 266 nonies du Code des douanes.

LA MÉTHODE : COMMENT TRANSFORMER LE ZERO WASTE EN PROJET POLITIQUE

Comment changer d'échelle et créer les conditions d'une véritable révolution ? Quelles sont les marges de manœuvre et, à l'inverse, les obstacles à dépasser ? Et combien tout cela va-t-il coûter ? Dans cette seconde partie, nous aborderons la difficile question de la méthode et de la mise en route du changement vers une politique Zero Waste.

CRÉER LES CONDITIONS DU CHANGEMENT

La participation de tous sera nécessaire à la mise en œuvre d'une politique Zero Waste. Une ambition claire doit être définie et partagée, donnant la primauté à la prévention des déchets. Il s'agit également, tout au long du chemin, d'une part d'anticiper les résistances, et d'autre part de construire et d'entretenir une culture commune, tant au sein de la collectivité qu'avec les usagers.

Définir une ambition, profiter d'une échéance

Pour créer les conditions du changement, encore faut-il s'accorder sur le changement à mener, son ampleur et son calendrier. Ce sont souvent les arbitrages autour du dimensionnement des installations de traitement des déchets qui amènent à s'interroger collectivement sur l'ambition et le calendrier de la collectivité en matière de réduction des déchets. Et paradoxalement, bien souvent, les installations sont alors dimensionnées pour traiter la quantité de déchets constatée à un instant T.

Mais, pour basculer dans la logique Zéro Déchet, il est préférable d'inverser ce mode de pensée et de considérer un objectif à atteindre à une date fixée. Cet objectif permettra de calibrer en conséquence les usines de traitement, en particulier les incinérateurs. Il ne s'agit donc pas de savoir d'où l'on part, mais où l'on souhaite arriver : le futur dicte le présent et non l'inverse. Bien sûr, cela nécessite d'anticiper et une certaine prise de risques, puisque l'atteinte des objectifs peut prendre plusieurs années.

L'exemple du Sybert, syndicat de traitement de la région de Besançon, est à ce titre inspirant. Confronté au vieillissement de son incinérateur, ce syndicat a décidé en 2016 de fermer un des deux fours à horizon 2021, ce qui signifie très concrètement de réduire à 135 kg la quantité d'ordures ménagères résiduelles par habitant et par an. Débattue puis portée avec force par les élus de la collectivité, cette décision a eu le mérite de fixer un objectif clair. Connu et partagé par tous, il concentre les énergies dans la même direction et mobilise élus et services techniques selon un calendrier clairement annoncé. En 2017, les habitants du Sybert produisaient 145 kg/hab/an (- 2,8 % par rapport à 2016).

Cet exemple bat en brèche un discours tenu par certains syndicats de traitement selon lequel il ne leur reviendrait pas d'impulser le changement, mais de « traiter ce qu'on leur apporte ». Le Sybert démontre au contraire qu'en la matière, la répartition purement juridique des compétences entre collectivités ne saurait servir à justifier le *statu quo*, et que les élus siégeant dans les syndicats de traitement peuvent en faire des instances politiques où l'on débat de différentes visions et projets de territoires.

À plus petite échelle, c'est aussi la confrontation aux limites des exutoires existants (décharges, incinérateurs) qui a par exemple fait avancer le syndicat mixte du pays de Sarrebourg, en Moselle. Créé en 2008 par fusion de plusieurs communautés de communes, il a engagé dès 2009 des actions fortes de prévention et de minimisation des ordures résiduelles. L'horizon de la fermeture, au 31 décembre 2014, de la décharge jusqu'alors en fonctionnement, a « servi de détonateur[98] », en particulier au regard des coûts que représentait le recours à une installation extérieure.

Si le renouvellement des installations de traitement est un moment privilégié pour se fixer un but et une échéance en matière de réduction des déchets, il est tout à fait possible d'adopter une feuille de route et des objectifs ambitieux sans que ceux-ci soient dictés par une urgence à agir. L'adoption d'un scénario Zero Waste pour son territoire peut se faire par le vote formel d'une délibération et d'un plan d'action par les élus de la collectivité. Il faudra cependant être vigilant pour que les arbitrages opérés en matière de traitement des déchets et d'investissements financiers

98. Voir Ademe, Syndicat mixte du pays de Sarrebourg, *Programme local de prévention des déchets, monographie*, mars 2017.

soient cohérents avec le plan d'action adopté. Il est enfin à noter que l'Ademe a lancé en janvier 2019 un nouveau dispositif d'accompagnement et de reconnaissance des démarches territoriales en faveur de l'économie circulaire, qui offre un soutien et des outils aux collectivités souhaitant initier une démarche transversale et ambitieuse[99].

Que dit la réglementation ?

Depuis 2015, l'élaboration d'un programme local de prévention et de gestion des déchets (PLPDMA) est obligatoire pour toutes les collectivités compétentes en matière de collecte des déchets ménagers[100]. Ce document permet de mobiliser sur la prévention, d'identifier les initiatives du terrain et de mieux cerner les actions à engager. À condition, bien sûr, de bénéficier d'un véritable soutien politique et de moyens financiers appropriés. Gageons aussi que les plans régionaux de prévention et de gestion des déchets (également obligatoires et élaborés pour l'essentiel entre 2017 et 2019) permettront de mobiliser les acteurs locaux, publics comme privés. Leurs décisions en la matière doivent en effet être juridiquement compatibles avec ces plans, dont certains éléments sont prescriptifs en droit.

Anticiper les résistances

Difficile d'en faire abstraction : la définition d'une ambition Zero Waste et d'une stratégie commune et partagée pour y parvenir risque de faire face à des résistances, qui peuvent être tant personnelles que structurelles. Tout en se gardant de trop simplifier les rapports de force et les réticences habituelles, nous pouvons anticiper plusieurs d'entre elles. Et tant mieux si, finalement, elles ne se présentent pas…

99. Programme économie circulaire : www.ademe.fr/expertises/economie-circulaire/demarche-territoriale
100. Voir le décret n° 2015-662 du 10 juin 2015.

Les résistances personnelles et culturelles

Tout d'abord, comme pour toute autre politique publique, le choix de s'orienter vers une démarche Zéro Déchet peut provoquer des oppositions d'ordre politique. Si la thématique de la gestion des déchets n'échappe pas aux querelles de partis et de personnes, il faut noter que des politiques Zero Waste ont été portées en France et en Europe par des partis d'obédiences différentes. Le sujet étant transversal et relevant de multiples dimensions (environnement mais aussi cadre de vie, développement économique, lien social ou santé), chacun peut y trouver une réponse à ses préoccupations et priorités. *In fine*, le succès de cette démarche tient souvent au fait qu'à force de débat et de formation, elle finit par faire l'unanimité au sein des assemblées et bénéficie alors d'un large appui politique.

Les résistances peuvent également être d'ordre idéologique dans la mesure où certains interlocuteurs, quelles que soient leurs fonctions, considèrent que le système actuel est satisfaisant. Le diagnostic sur la nécessité de réduire la mise en décharge, l'incinération et plus globalement notre consommation de ressources, n'est pas toujours partagé. Ces positions découlent souvent d'une vision techniciste de la politique déchets envisagée comme ayant principalement pour but de maîtriser la nuisance et de gérer le problème « déchet ». Là encore, il s'agit d'amener progressivement le territoire à aborder la gestion des déchets sous l'angle des ressources. Cela passe par une réflexion plus large et transversale sur la manière dont on peut éviter le déchet et l'ensemble des consommations inutiles qu'il représente.

En lien avec cette question de point de vue, la démarche Zéro Déchet peut aussi être perçue comme trop chère, élitiste ou réservée à des « écolos-bobos ». Là encore, les arguments de fond ne manquent pas : elle est source d'économies financières, pourvoyeuse d'emplois locaux et profitable à tous types de publics – à condition que l'on œuvre à sa généralisation sur l'ensemble du territoire. L'exemple de la ville de Roubaix, qui s'emploie à accompagner des familles issues d'horizon très différents dans l'apprentissage du Zéro Déchet, en témoigne.

Enfin, au-delà des oppositions frontales, certains interlocuteurs pourront exprimer un sentiment de démotivation ou de résignation : « Nous avons déjà tout essayé », « Ici ça ne fonctionne pas comme ça », « Les gens jettent encore leurs déchets par les fenêtres, alors le Zéro Déchet… ».

Parce que certains usagers manquent de civisme, on a tendance à croire que c'est le cas de tous, parce qu'une opération n'a pas fonctionné, le sujet est clos pour plusieurs années, etc. La démarche Zero Waste, qui bénéficie d'une forte mobilisation citoyenne et entrepreneuriale, peut être l'occasion de donner un nouvel élan à des équipes parfois démotivées ou résignées.

Les résistances structurelles et économico-industrielles

L'application d'une politique Zero Waste peut également se trouver confrontée à des résistances d'ordre structurel, liées au fonctionnement économique et budgétaire du système de gestion de déchets en place. Les budgets des petites communes sont contraints, et les grands équilibres budgétaires d'une intercommunalité ou d'un syndicat de traitement évoluent lentement. Tenues par certains investissements ou contrats, et par les nécessités du fonctionnement du service public, les intercommunalités fixent chaque année les taux de fiscalité et le montant des redevances des usagers, les cotisations et le prix de la tonne payée par les collectivités adhérentes au syndicat, etc. Tout l'enjeu est de parvenir à faire évoluer cet équilibre en faveur de la prévention des déchets. Des moments privilégiés permettent d'analyser la situation financière et les arbitrages en matière de dépenses. Ainsi, le débat d'orientation budgétaire (DOB) est obligatoire chaque année, deux mois environ avant l'examen du budget.

Pour faire évoluer les équilibres économique et financier, on doit tenir compte d'un autre paramètre important : les contrats engageant la collectivité envers des prestataires extérieurs. En France, la répartition des prestations de collecte des déchets ménagers entre secteurs public et privé se fait à peu près à parts égales. L'exploitation des installations de traitement est en revanche largement concédée, sous différentes formes juridiques, à des entreprises privées[101]. Or, d'une part ces contrats doivent être honorés par les collectivités (une résiliation est certes juridiquement possible, mais à grand frais – indemnisation du manque à gagner, des investissements non amortis, etc.). D'autre part, s'il est possible de rédiger des avenants au fil du temps, ces derniers ne peuvent pas modifier

101. Cour des comptes, *Les Collectivités territoriales et la gestion des déchets ménagers et assimilés*, septembre 2011, p. 53.

substantiellement l'objet ou l'équilibre économique du contrat (sous réserve d'évolutions apportées par le nouveau Code de la commande publique). À ce titre, les échéances contractuelles liées aux installations de traitement (tri mécano-biologique, usines d'incinération, installations de stockage, centres de tri...) peuvent être particulièrement bloquantes. La diminution ou l'augmentation des tonnages à traiter peut rapidement produire des effets sur le modèle économique, donc sur le prix à la tonne des déchets, les modalités techniques d'exploitation, etc.

En fonction de l'état d'avancement des contrats et de ce qu'ils prévoient, la marge de manœuvre sera plus ou moins importante. L'engagement dans une démarche Zero Waste nécessite ainsi de faire le point sur les contrats en cours : la conversion de telle usine de tri mécano-biologique pour accueillir des biodéchets triés à la source a-t-elle été envisagée ? Tel marché de collecte doit-il être prochainement renouvelé et donc préparé à l'aune d'une démarche Zéro Déchet ? Existe-il une échéance contractuelle ou technique pour une installation de traitement sur le territoire ? Plus globalement, quels sont les contrats liés à la gestion des déchets qui engagent la collectivité, à quel coût et jusqu'à quand ? Sans doute, à l'approche de telles échéances, faut-il se poser la question d'éventuelles reprises en régie, en particulier s'agissant de la collecte ou de l'accueil en déchèterie. Dans certains cas, comme pour la Ville de Paris et son pilote pour le tri des biodéchets, la collecte en régie donne plus de flexibilité et permet de suivre et d'adapter au jour le jour les conditions de l'expérimentation. À tout le moins, l'implication des entreprises soumissionnaires peut être renforcée, par l'autorisation voire l'imposition de variantes dans les appels d'offres afin d'étudier plusieurs scénarios.

Si des constructions ou reconstructions d'installations de traitement sont à l'étude ou sur le point d'être décidées sur le territoire, l'engagement dans la démarche Zero Waste doit inciter à redoubler de vigilance quant aux engagements pris vis-à-vis des prestataires. Il s'agit notamment de prévoir la diminution de l'approvisionnement des installations sur le long terme, et donc leurs possibilités d'évolution ou de conversion.

Développer une culture commune en interne et avec les habitants

Pour surmonter les résistances et mobiliser largement autour de la démarche Zero Waste, condition *sine qua non* de sa réussite, le travail d'élaboration et de développement d'une culture commune, à la fois au sein de la collectivité et auprès des habitants et des acteurs du territoire, est essentiel.

Au sein de la collectivité

Pour développer une telle vision commune en interne, la dynamique de formation à la démarche Zero Waste des agents du service déchets et des élus de la collectivité ne doit pas être négligée – « formation » étant bien sûr à entendre ici au sens large. Il peut s'agir de prévoir des prises de parole d'intervenants extérieurs susceptibles de donner un éclairage spécifique, de participer à des voyages d'étude pour découvrir une initiative originale dans la région, d'organiser des temps de débat ou d'échange… De manière générale, tout événement permettant aux agents et aux élus de mieux appréhender l'objectif Zéro Déchet porté par le territoire, d'en comprendre les implications politiques, les enjeux techniques, sociaux ou économiques, ou encore de partager des références et des exemples inspirants, concourt au développement d'une culture commune, qui peut se révéler extrêmement motrice par la suite.

Bien que tous les agents et élus ne puissent pas participer à l'ensemble des formations, il convient de ne pas les réserver aux postes stratégiques, ou encore de prévoir des binômes élu/technicien pour faciliter les échanges. Bien sûr, dans le cas d'une intercommunalité ou d'un syndicat de traitement des déchets, il s'agit également d'impliquer largement les élus des communes adhérentes, et notamment les maires. Le portage politique de la démarche à cette échelle est essentiel car le contact avec les habitants y est plus direct et la connaissance des acteurs à impliquer, plus fine.

Cette nécessité de former « largement » en rejoint une autre : celle d'éviter une gestion « en silos » dans laquelle chaque service fonctionne en vase clos. Il s'agit donc d'impliquer autour de l'objectif Zero Waste des personnels au-delà des seuls agents chargés de la prévention des déchets voire du seul service gestion des déchets. Ceci peut passer par la création de groupes de travail réunissant différents services sur un projet spécifique, par exemple vie associative et prévention des déchets pour un projet de réduction des déchets de l'événementiel, ou encore en identifiant, au sein d'autres services, les personnes sensibles à la thématique qui pourraient être associées de manière systématique à la réflexion. Ainsi, le projet Zéro Déchet, qui exige un portage politique très fort, ne doit pas rester celui d'un seul élu.

Enfin, une tautologie pour conclure : il semble impératif que les personnes chargées de porter le projet soient convaincues de la démarche menée, et expriment une adhésion profonde aux valeurs associées à la prévention des déchets. Dans son bilan des plans et programmes de prévention des déchets, l'Ademe identifie des collectivités particulièrement volontaristes sur la prévention et pointe un facteur humain déterminant. Ces collectivités sont marquées par la présence d'élus, de services et de partenaires « passionnés par l'action [...] », « militants du bien commun », « animés par un esprit pionnier tout en sachant se montrer pragmatiques »[102]. Dans une monographie sur le pays de Sarrebourg, l'Ademe a aussi pu identifier, dans la réussite d'une démarche territoriale, l'arrivée d'une équipe neuve, peu expérimentée mais surtout « sans *a priori* négatif par rapport à la prévention[103] ». Bonne nouvelle : avec l'émergence d'un mouvement citoyen Zero Waste de plus en plus dynamique et de mieux en mieux structuré, ce type de profil se multiplie et peut constituer un vivier de recrutement pour faire vivre des services pleinement convaincus du bien-fondé de leurs actions.

102. Voir notamment Ademe, Dominique Traineau, IDE Environnement, Christian Lopez, *Étude de cas et monographies des plans et programmes de prévention des déchets*, 2018, p. 22-23.

103. Voir Ademe, Syndicat mixte du pays de Sarrebourg, *Programme local de prévention des déchets. Monographie*, mars 2017.

ILS L'ONT FAIT

L'IMPLICATION DE TOUS LES ACTEURS sur le territoire du Smicval

Le Smicval, syndicat de gestion des déchets de Haute-Gironde, travaille depuis plusieurs années au développement d'une culture commune à ses élus et agents, notamment autour de la démarche Zero Waste. Ces derniers participent ainsi régulièrement à des formations et à des voyages d'étude proposés par différents réseaux (Ademe, Compostplus, Zero Waste France). Des agents et élus se sont par exemple rendus en 2016 dans la ville italienne pionnière de Capannori pour mieux appréhender les ressorts de la mobilisation citoyenne autour du Zéro Déchet. Des conférences réunissant des intervenants venant d'univers différents ont également été organisées pour alimenter leurs réflexions. Ces années de travail et de débats ont mené, en 2019, à la discussion d'un plan d'action Zero Waste par les élus, lors d'une assemblée générale extraordinaire du syndicat. Plus qu'une feuille de route, ce plan est envisagé et présenté comme une décision politique forte engageant le territoire pour les prochaines années et reconnaissant les multiples implications d'une politique Zero Waste, en dehors du cadre strict de la gestion des déchets : santé, cadre de vie, alimentation...
Le syndicat a également recruté en 2019 deux nouveaux profils : une « influenceuse » et une chargée de mission, issue du milieu associatif. Elles intégreront une « fabrique Zero Waste » créée au sein du syndicat et chargée d'élaborer une stratégie de mobilisation des habitants, des élus locaux et des acteurs du territoire. L'idée est également d'associer ces agents aux autres projets du syndicat (rénovation d'un pôle recyclage, réflexions relatives à la collecte des déchets...) afin que l'ensemble des réalisations de la collectivité reflète cette logique Zero Waste.

Établir un dialogue transparent avec les habitants

Autre élément important pour embarquer tous les usagers dans la même direction : partager un constat fiable et transparent avec eux. La multiplication des communications par trop positives finit toujours par éveiller des soupçons. De même, la désignation systématique d'autres responsables des pesanteurs du système (État, éco-organismes, mille-feuille territorial, entreprises diverses) démobilise les personnes souhaitant agir localement. Par ailleurs, il semble difficile d'entraîner les citoyens vers d'autres modes de consommation et de nouvelles habitudes sans faire évoluer le discours existant.

La première remise en question porte sur les modes de traitement des déchets. Les collectivités ouvrent de plus en plus de portes aux usagers, notamment celles des usines d'incinération et des décharges, et c'est tant mieux. Mais le discours y est parfois excessivement optimiste. Les installations sont « à la pointe des normes », elles « valorisent » telle énergie et il n'y a aucun souci à se faire… Or, la réalité est que ces déchets demeureront stockés durant des siècles ou seront brûlés. Assumer la présence d'installations polluantes sur un territoire, pointer les efforts faits pour en maîtriser les impacts, tout en rappelant la nécessité de les réduire le plus vite possible semblerait pourtant plus efficace.

De la même façon qu'il est difficile de réduire le recours aux véhicules thermiques si l'on considère qu'ils ne présentent pas de problèmes, il est contre-productif sur le long terme de prétendre que tout va pour le mieux dans le meilleur des mondes en matière de gestion des déchets. Au contraire, les usagers sont capables d'entendre que le système a des imperfections, et qu'ils peuvent donc agir.

De plus, s'accorder sur les performances réelles du territoire permet d'établir un état des lieux partagé et d'identifier les marges de progrès. Par exemple, trop de rapports annuels ou de communiqués entretiennent une confusion entre recyclage et valorisation matière, cette dernière incluant l'utilisation des mâchefers d'incinération en remblai, ce qui conduit à doper artificiellement les chiffres du recyclage.

Rétablir la confiance avec les habitants passe par une véritable transparence. Certaines collectivités vont jusqu'à ouvrir largement l'accès à certaines données du service public de gestion des déchets, l'objectif étant notamment de stimuler l'offre de service et la créativité d'éventuels entrepreneurs. La Ville de Paris publie par exemple en accès libre et en temps réel les données relatives au remplissage des « Trilib' », ses stations de tri nouvellement installées dans l'espace public[104].

104. www.opendata.paris.fr/explore/dataset/trilib/information/

Enfin, il est important de rappeler que si l'habitant peut agir sur sa production de déchets quotidienne, et que les collectivités locales n'ont pas la main sur la mauvaise conception de tels emballages, que les compétences administratives sont souvent réparties entre plusieurs intercommunalités, que le soutien accru de l'État ou d'autres acteurs pourrait faciliter la transition… il n'en demeure pas moins que les collectivités locales, quelles qu'elles soient, ont des compétences importantes pour impulser le changement.

ILS L'ONT FAIT

CALITOM ET LE GRAND ANGOULÊME

De novembre 2015 à juin 2017, le syndicat Calitom et le Grand-Angoulême (Charente) ont organisé un débat public de dix-huit mois sur la question du traitement des déchets résiduels dans un contexte où l'incinérateur était en fin de vie et où il fallait arbitrer entre différentes options de traitement. Sous l'égide de la Commission nationale du débat public[105], ce débat a rassemblé les élus des territoires, ainsi qu'une cinquantaine de citoyens appelés à se manifester *via* la presse locale, et pour partie tirés au sort. Les citoyens ont été amenés à participer à de nombreuses réunions publiques, à entendre plusieurs interventions d'associations environnementales, d'industriels et d'autres acteurs, et à visiter des sites de gestion des déchets. Les frais de déplacement étaient pris en charge par la collectivité pour favoriser l'équité et l'horizontalité de la participation. Plus original encore, le débat a été organisé sans projet prédéfini d'installation de traitement de déchets (« option zéro »), à l'inverse des concertations classiques qui en général présentent un projet déjà bien abouti d'installation et réduisent l'intérêt de la consultation publique.

Au regard de la production de déchets, des coûts et des éléments techniques rappelés avec transparence, la concertation a débouché sur six scénarios, proposés par les participants et affinés par les services techniques, puis soumis au débat final. C'est le scénario de

105. www.debatpublic.fr/projet-concertation-conduite-calitom-grandangouleme

la prévention maximale, c'est-à-dire le stockage avec stabilisation, et de la fermeture de l'incinérateur vieillissant qui a été acté[106]. Ce débat illustre bien le fait que la montée en compétence des usagers est nécessaire, possible et constitue une action à part entière que les collectivités peuvent mener pour prendre à bras-le-corps, avec les citoyens, la question des déchets. Selon Jean Révéreault, ancien président de Calitom, « si c'était à refaire, nous le referions ! La concertation a porté ses fruits car les relations humaines fonctionnaient : nous avons su créer un respect mutuel avec les acteurs du débat, assurer l'équité grâce aux dix-huit mois de discussion, et garantir l'égalité du temps de parole. Au final, le résultat constitue un engagement pour tout le monde, dans la mesure où, si le scénario choisi n'est pas mis en œuvre, les décisions seront oubliées et la confiance, perdue ».

Associer largement la société civile et les acteurs du territoire

Les déchets sont diffus et les publics à toucher, nombreux : il convient donc d'inclure toutes les bonnes volontés dans l'action. Les associations sont évidemment un relais précieux pour s'adresser au grand public. Parfois perçues comme trop tatillonnes, elles sont pourtant un levier de mobilisation et le moyen de s'impliquer dans la décision publique pour beaucoup de citoyens. Début 2019, le réseau de Zero Waste France comptait 80 groupes locaux, présents dans les principales villes mais également les territoires ruraux[107]. Organisés en collectifs informels ou structurés en associations, ils multiplient les projets, accueillent et coordonnent les bonnes volontés et peuvent se faire le relais d'une démarche Zéro Déchet territoriale. Les associer aux actions et à la stratégie envisagées apparaît donc particulièrement important, tout en respectant leur liberté de ton et leur indépendance. De nombreuses autres têtes de pont locales peuvent être approchées et impliquées : réseaux de commerçants, bailleurs de fond, organisateurs d'événements, structures publiques ou

---

106. Pour plus de détails sur le processus, voir le site www.calitom.com/fr/actualite/lavenir-des-dechets-en-charente

107. Pour consulter la carte des groupes locaux Zero Waste : www.zerowastefrance.org/lassociation/groupes-locaux

établissements publics locaux... Toutes ont leur pierre à apporter et toutes peuvent être mobilisées et touchées par différentes dimensions de la politique Zero Waste (éducation à l'environnement, lien social, développement économique ou protection de la santé...).

Par suite, faire l'effort de décloisonner et d'impliquer des acteurs qui ne sont pas toujours sollicités sur les thématiques relatives aux déchets demeure fondamental – en interne, comme nous l'avons vu, mais aussi à l'extérieur. Développer les couches lavables implique d'échanger avec les services sanitaires locaux, comme développer les emballages durables nécessite de prévoir des travaux avec les commerçants, etc. Un décloisonnement géographique et social est aussi un passage obligé afin d'obtenir, à long terme, des performances élevées. Pourquoi, par exemple, ne pas favoriser l'implantation des épiceries vrac dans des zones jugées difficiles[108] ?

108. Voir « Le bio, c'est aussi pour les pauvres », Reporterre, 29 septembre 2017 ; www.reporterre.net/Le-bio-c-est-aussi-pour-les-pauvres

MOBILISER LES HABITANTS

La communication est un levier essentiel pour faire connaître les initiatives portées par la collectivité et pour transmettre des consignes claires aux usagers. Il est censé en découler un changement de comportement, ou la compréhension d'un enjeu. Pour être bien reçus, ces messages doivent être cohérents. Il semble par exemple difficile de tout à la fois vanter les mérites de l'usine d'incinération locale, puis de louer le recyclage pour affirmer enfin que « le meilleur déchet est celui qu'on ne produit pas »... Il est important de se concentrer sur le but prioritaire, celui de la collectivité, qui nécessairement innerve ensuite la communication (donc sa cohérence ou son incohérence). À San Francisco, le but de

Poubelles de tri à l'aéroport (ci-dessus) et corbeilles de tri dans l'espace public (ci-dessous) à San Francisco, États-Unis.

Un support de communication sur le tri distribué à San Francisco.

Source : SF Recycles.

三藩市致力保護自然資源，提供一個便利系統以最大程度收集可分解和可回收的物品。 事實上，這是法律規定。**強制性回收和堆肥條例**（100-09號市法令）規定：「三藩市所有人均須將垃圾分成可回收、可堆肥和一般垃圾」。

因此，我們正在更改回收計劃，以使更多物品能放置於回收桶。

ⓘ SFRecycles.org

Recology WASTE ZERO

SF Environment
Our home. Our city. Our planet.
A Department of the City and County of San Francisco

回收
現在可以將這些**新的**物品放入藍色回收桶：

空的紙杯，例如咖啡杯
空的牛奶紙盒
果汁盒
軟式的塑膠袋和包裝膜，收在一起後放在塑膠袋裡

堆肥
請繼續將以下物品放在綠色堆肥桶：

廚餘食物
外帶食物紙盒
髒的紙
標有「可分解」(compostable)字樣的產品
庭院修剪下來的花草枝葉

填埋區
只有少數物品可放進黑色垃圾桶：

尿布
牙膏管
薯片袋子、糖果包裝紙
衛生棉產品
寵物糞便、排泄物墊
調味包

勿放入任何桶
以下物品不要放入任何桶：

電池
家用化學產品
油漆
藥品
電子產品
螢光燈泡
用過的機油
大件物品

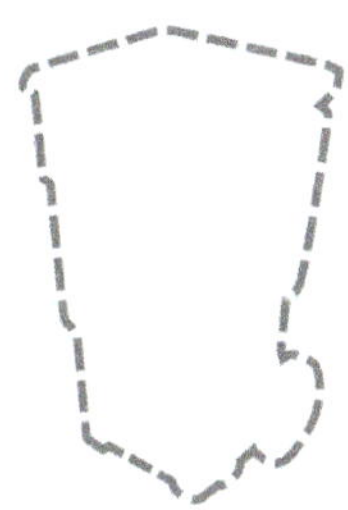

ⓘ 如需更多資訊，請查 customerservice@recologysf.com 或致電 (415) 330-1300

Printed on 100% post-consumer recycled paper

la collectivité est de réduire la mise en décharge. Il a donc été choisi d'inscrire *landfill* (« décharge »), mot à connotation fortement péjorative, sur les poubelles recueillant les ordures non recyclables ou non compostables : le message tend à signifier aux usagers qu'il faut réduire la poubelle destinée à la décharge.

Plus globalement, on doit rechercher un effet démultiplicateur dès que possible. Qui n'a jamais joué au jeu du démineur ? Il faut cliquer sur une case pour en faire « sauter » d'autres tout autour, sans jamais tomber sur une mine… nous proposons de jouer à ce jeu, mais sans mines ! Des techniques comme la sensibilisation en porte-à-porte permettent bien sûr d'établir un dialogue privilégié et qualitatif avec les usagers, pris un par un. Mais il ne faut pas négliger les occasions de toucher de nombreuses personnes à la fois, dans des lieux ou à des instants précis. La stratégie visant à impliquer des familles est une bonne illustration, puisqu'elle a également pour but de sensibiliser les cercles plus ou moins proches des personnes participant à des défis Zéro Déchet.

Mais sur un territoire, des effets démultiplicateurs existent partout : il est possible de sensibiliser lors de grands événements sportifs locaux ou traditionnels, près des lieux de passage obligés (transports en commun, feux tricolores, commerces alimentaires…) ou des endroits très fréquentés (cinémas, cafés, parcs publics…).

Sans doute faut-il en conséquence casser les codes de la communication traditionnelle, des stands de sensibilisation et des projections-débats, même si ces méthodes ont leur intérêt en instaurant un dialogue de qualité. Mais on peut aussi penser à des clips vidéo courts et percutants diffusés avant les films dans le cinéma local, à des visuels-types affichés par tous les commerçants, à des messages dans les transports en commun, ou encore à des panneaux placés stratégiquement dans des zones à forte circulation (ce fameux carrefour où le feu tricolore est toujours au rouge), etc. Pourquoi ne pas envisager aussi des prises de paroles lors du match hebdomadaire de la bien-aimée équipe de sport locale ? Ces quelques trente précieuses secondes permettraient de présenter la mise en place de gobelets réutilisables au sein du stade ou de la salle municipale, et de faire passer en une fois à des milliers de personnes un message de prévention…[109]

---

109. Sur le besoin de rompre avec les codes classiques de la communication des collectivités, voir également

L'omniprésence de la démarche Zéro Déchet et son déploiement envers tous les publics se perçoit facilement à Trévise, en Italie du Nord, où l'entreprise publique Contarina gère les déchets d'environ 554 000 habitants. En 2013, Contarina indiquait être intervenue dans 386 écoles. Chaque classe peut demander une intervention de sensibilisation de deux heures par an dans le cadre d'un des 22 modules proposés. La même année, Contarina a participé à 513 événements, avec de simples interventions ou des soirées informatives pour le grand public. L'entreprise publique prend soin par ailleurs de fournir des corbeilles et des poubelles harmonisées aux lieux collectés tels que les hôpitaux, les écoles ou l'aéroport.

Sur le terrain, des idées simples peuvent être mises en œuvre pour être plus inclusif et mieux compris : la multiplication des langues utilisées sur les supports (ce que la loi française autorise à condition que deux langues étrangères au moins soient utilisées pour la traduction), jouer sur les tailles et les formes des poubelles, expliciter les consignes de tri...

Des remerciements peuvent également être envoyés aux usagers : le Sybert a ainsi lancé une campagne sur les Abribus pour soutenir sa politique de compostage, où l'on pouvait lire : « Merci à tous les habitants qui compostent leurs déchets de cuisine. » Soulignons ici les effets de la « communication engageante » et des *nudges* qui augmentent l'impact de la communication auprès du grand public (voir le témoignage de Jean-Damien Grassias ci-après).

Autre initiative pour mobiliser les habitants autour de l'objectif Zéro Déchet et des gestes de prévention : organiser un « Défi Zéro Déchet ». L'opération consiste à promouvoir certains éco-gestes et modes de consommation responsables en fixant à un nombre restreint de citoyens un objectif de réduction de la production de déchets et en les accompagnant. Ces défis bénéficient aujourd'hui d'une vague d'intérêt citoyen et médiatique fort pour le mode de vie Zéro Déchet et d'un réseau d'acteurs locaux engagés (associations, porteurs de projets, entreprises...).

Au-delà de la sensibilisation des participants, ces initiatives aident à identifier de possibles « ambassadeurs » habitant sur le territoire et qui continueront d'être des relais de la politique Zéro Déchet portée par

Ademe, Dominique Traineau, IDE Environnement, Christian Lopez, Étude de cas et monographies des plans et programmes de prévention des déchets, 2018.

Une campagne de communication positive.

la collectivité à l'issue de l'opération. Des synergies peuvent également être trouvées avec d'autres types d'acteurs, comme par exemple les commerces où les participants au défi ont leurs habitudes, les écoles accueillant leurs enfants, etc.

> **JEAN-DAMIEN GRASSIAS,**
> *psychologue social et agent de sensibilisation au syndicat de collecte et de traitement des déchets Émeraude, en Île-de-France depuis 2016*
>
> En nous appuyant sur différentes disciplines de la psychologie, nous essayons de rendre plus efficaces les démarches de sensibilisation, de communication et d'animation auprès des usagers, grâce à la communication engageante, aux *nudges* et à l'analyse des grands principes d'apprentissage. La psychologie sociale est un outil qui intervient en complément de l'exposition à l'information

traditionnelle. Comme c'est le cas pour la médecine, qui mêle dans les centres hospitaliers la recherche et la pratique, les collectivités ont tout intérêt à faire entrer dans leurs services la recherche en psychologie pour améliorer l'efficacité de leur communication. En effet, la sensibilisation classique consiste surtout à exposer les gens à de l'information. Or, la psychologie dans son ensemble insiste sur les limites de cette approche : on peut être exposé à de l'information et ne pas agir en conséquence.

Nous avons construit une procédure inédite de communication engageante adaptée au porte-à-porte. Dans sa version la plus simple, il s'agit de faire agir les gens avant de les exposer à un message persuasif. Dans un porte-à-porte classique, l'ambassadeur du tri explique les consignes et l'intérêt du recyclage. Dans notre procédure de porte-à-porte type « communication engageante », l'usager réalise un bilan de sa pratique de tri, devine le pourcentage de Français qui trient leurs déchets (réponse : 87 %), improvise un discours destiné à convaincre un ami de l'importance du recyclage, écoute notre argumentation complète (environnementale, mais aussi économique et solidaire) et choisit enfin un geste qu'il ne fait pas encore (par exemple trier les canettes). Cette procédure intègre des travaux menés sur les normes sociales qui montrent que nous sommes plus influencés par les normes descriptives (ce que les autres font) que par les normes injonctives (ce que nous devons faire). Le message est alors mieux perçu par les usagers, et facilite la prise de contact des agents qui disposent d'un protocole très clair et engageant.

Lors d'animations menées notamment dans les écoles, nous utilisons les grands principes de l'apprentissage. Il faut d'abord prendre en compte les limites de l'attention, en traquant les doubles tâches (lire une diapo *versus* écouter). Ensuite, nous poussons le public à générer des prédictions, c'est-à-dire à se poser des questions et à envisager des réponses, en le rendant actif (devinettes, textes à trous, tests de connaissances, etc.). Il faut également tester les connaissances en cours d'apprentissage, pas seulement pour en constater l'acquisition, et déculpabiliser l'erreur. L'important, c'est que le public anticipe en permanence la suite et soit constamment surpris par ses hésitations ou ses erreurs !

Enfin, nous travaillons sur la mise en place de *nudges*, qui consistent à « changer l'environnement dans lequel les individus font leurs choix pour mettre en relief les choix les plus avantageux pour le bien commun[110] ». Les *nudges* sont une alternative à la récompense ou à la punition, deux stratégies « contrôlantes » qui nuisent à notre besoin fondamental d'autonomie. Un *nudge* bien connu consiste par exemple à réduire la taille des assiettes dans une cantine, ce qui réduit le gaspillage alimentaire. Un autre consiste à ajouter par exemple des yeux dessinés ou une forme y ressemblant sur la poubelle. Ce symbole qui évoque un regard provoque chez la personne une attention renouvelée vis-à-vis de son propre comportement, en activant de manière plus forte la conscience de soi et en stimulant des décisions en faveur de l'intérêt commun. Autre idée que nous explorons : décorer les locaux à poubelles et les bornes enterrées avec un message persuasif décrivant ce que les gens font déjà (tri majoritaire) ou font de plus en plus (prévention encore minoritaire). Dans tous les cas, on aide les gens à prendre la bonne décision sans empiéter sur leurs libertés, contrairement à la récompense et la punition. Ces procédures ont plus de chances d'avoir un impact réel et renouvellent en profondeur les métiers de la communication. Elles doivent être accompagnées d'études sur le terrain pour qu'on puisse mieux comprendre leur impact et les conditions concrètes dans lesquelles elles (dys)fonctionnent.

»

110. Voir notamment Centre d'analyse stratégique, « *Nudges* verts : de nouvelles incitations pour des comportements écologiques », Note d'analyse n° 216, mars 2011.

ÉCONOMIE ET EMPLOIS : L'ÉQUATION GLOBALE

Quels sont les coûts de la gestion des déchets ? Quelles sont les possibilités d'économies qui découlent d'une démarche Zéro Déchet ? Quelles nouvelles activités une collectivité peut-elle attirer sur son territoire ? Si l'argument environnemental n'était pas suffisant pour convaincre, les chiffres correspondant à ces différentes questions permettent de constater que la réduction des déchets offre l'occasion de réaliser des économies, en plus d'être un moteur pour la création d'emplois.

Réduire les déchets, réduire les coûts ?

Les sources d'économies

Si l'on raisonne par flux de déchets, la gestion (collecte et traitement) des ordures ménagères résiduelles (OMR) constitue le plus coûteux (56 € en moyenne par habitant et par an). Plus de la moitié du coût de la gestion des déchets ménagers est ainsi imputable à ce type d'ordures. Chaque tonne d'OMR détournée grâce à la prévention ou au tri représente donc une économie importante pour la collectivité.

Toutefois, les déchets recyclables (emballages et verre) représentent également un coût net pour la collectivité, même une fois déduites les différentes aides et recettes tirées de la revente des matériaux (par exemple, en milieu urbain, ce coût net s'élève pour les emballages – hors verre – à 185 € par tonne). Réduire les déchets recyclables grâce à des politiques de prévention permet donc également de réduire les coûts.

Mais si l'on raisonne par poste de dépense, une partie importante du coût de gestion des déchets est due à leur collecte et à leur transport (45 % du coût total). Optimiser les circuits de collecte, réduire les fréquences de passage des bennes à ordures et favoriser la gestion *in situ* des déchets (c'est-à-dire sur place, par exemple *via* le compostage de proximité) sont donc également des leviers à actionner pour réaliser des économies.

Ces différentes actions se révèlent souvent complémentaires et dépendantes les unes des autres : développer le compostage de proximité peut réduire les OMR, et donc réduire en conséquence les fréquences de collecte des déchets résiduels et inciter encore plus au tri et au compostage.

Bien sûr, les actions à mettre en œuvre pour réduire les déchets (sensibilisation au Zéro Déchet, tarification incitative, modernisation des déchèteries pour favoriser le réemploi…) représentent elles-mêmes un investissement et donc un coût à supporter. Du point de vue du budget d'une collectivité, la mise en œuvre d'une démarche Zéro Déchet consiste donc à opérer une transition : il faut passer d'une situation où l'essentiel du budget est utilisé pour collecter, transporter et traiter les déchets à une situation où ces mêmes recettes financent plus largement des actions de prévention.

Pour opérer cette transition, un territoire qui présente une marge de manœuvre importante en termes de production d'OMR (par exemple s'il en produit plus de 150 kg par habitant et par an) aura intérêt à initier prioritairement des actions afin de réduire ce flux de déchets non recyclables : tri des biodéchets, mise en place d'une tarification incitative, généralisation du tri pour les commerces, entreprises et administrations (voir chantiers n°s 2, 3 et 8). Ces actions, qui représentent à l'échelle d'une collectivité locale des chantiers importants, offrent aussi l'occasion de réorganiser plus globalement la collecte des déchets pour réaliser là aussi des économies : baisse des fréquences de collecte, distribution de bacs plus petits pour les OMR incitant au tri, optimisation des circuits des bennes à ordures… Selon la situation au niveau local, des baisses importantes des quantités d'OMR produites peuvent également avoir un « effet cliquet », ce qui évitera à terme de construire une nouvelle installation de traitement (décharge ou incinérateur), et donc de réaliser là aussi d'importantes économies.

Ce mécanisme qui veut qu'une baisse des ordures ménagères résiduelles se traduise par une baisse des coûts pour la collectivité est confirmée par le référentiel national réalisé par l'Ademe, qui analyse l'ensemble des coûts de la gestion des déchets des collectivités françaises. Il met en exergue le fait que les collectivités produisant moins de 135 kg d'ordures ménagères résiduelles par habitant par an sont aussi celles qui présentent le coût aidé par habitant le plus faible.

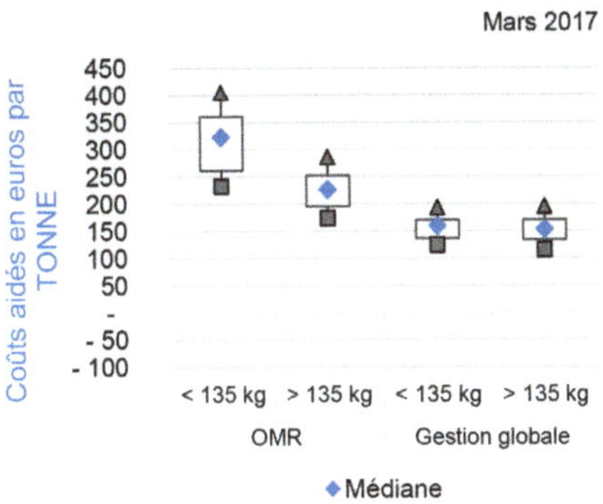

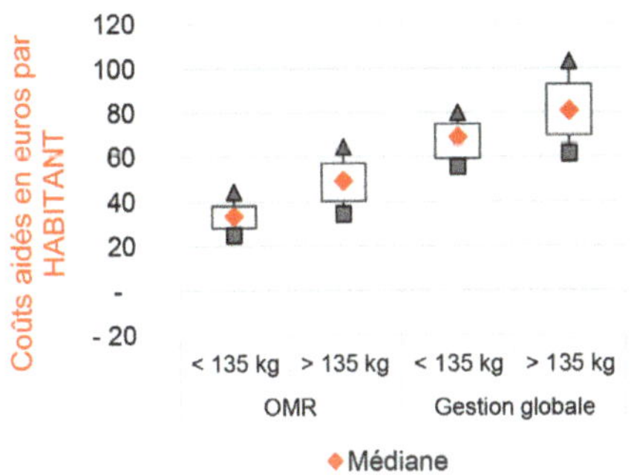

Coûts aidés de collecte et de traitement des déchets par habitant et par an.

Source : Ademe, *Référentiel national des coûts du SPGD*, 2017, p. 76.

Ainsi, pour opérer la transition d'une collectivité locale vers une politique Zero Waste, tout l'enjeu est de trouver petit à petit les marges de manœuvre, en fonction du point de départ, au profit de la prévention et du recyclage. Des économies peuvent-elles être réalisées sur la collecte ? Comment réduire les tonnages incinérés ou enfouis ? Quels investissements (tant en moyens techniques qu'humains) peuvent être réalisés pour opérer ce rééquilibrage ? Avant de parler d'augmentation de la dépense publique prise dans sa globalité, des transferts peuvent être réalisés et c'est tout l'objet du présent ouvrage : pointer les leviers à disposition. Rappelons que le budget déchets des collectivités atteint rapidement, même pour les plus petites d'entre elles, plusieurs millions, voire plusieurs dizaines de millions d'euros chaque année. Il y a déjà donc déjà de quoi faire avec l'existant. Rappelons aussi que ce budget est à 99 % affecté à des actions curatives : la gestion du déchet une fois celui-ci produit. Pourtant, comme dans le domaine de la santé, investir dans des actions préventives (le gaspillage alimentaire, la réutilisation des emballages, le traitement *in situ* des déchets de jardin…) peut se révéler à terme bien plus efficace pour réaliser des économies.

ILS L'ONT FAIT

L'ÉVOLUTION DES COÛTS de la gestion des déchets à Besançon et dans sa région

Pour un syndicat de traitement comme le Sybert, dont la production d'ordures ménagères résiduelles a diminué fortement en dix ans (passant de 50 000 tonnes en 2008 à un peu plus de 30 000 tonnes en 2017), c'est la structure même du budget qui a fortement évolué au fil des années. Cette évolution est d'autant plus intéressante à étudier que le Sybert est propriétaire, pour le traitement de ses déchets, d'une usine d'incinération : une installation qui exige un apport constant de déchets et pour laquelle la baisse des déchets qui y sont envoyés peut paradoxalement se traduire par une hausse des coûts pour le propriétaire de l'usine[111] ! Pourtant, même dans cette situation, la politique de réduction des déchets du Sybert s'est révélée être une opération gagnante pour le budget de la collectivité.

Trois évolutions importantes sont ainsi à noter :
D'abord, le coût de l'incinération des ordures ménagères résiduelles a effectivement eu tendance à augmenter durant la décennie concernée (de 88 €/tonne en 2010, à environ 128 €/tonne, TGAP incluse, en 2017). Cela s'explique notamment par la réduction des économies d'échelle du fait de l'incinération de quantités moindres de déchets. La nécessité de continuer à assurer l'équilibre économique de l'usine se traduit donc par une augmentation progressive du prix à la tonne, conséquence contre-intuitive mais en réalité tout

---

111. Ce constat est corroboré par le référentiel national des coûts réalisé par l'Ademe, qui met bien en exergue cette double dynamique pour les collectivités performantes (moins de 135 kg d'ordures résiduelles par habitant). Le coût par habitant est en moyenne inférieur dans ces collectivités, alors que le coût par tonne des ordures ménagères résiduelles y est supérieur. Cette logique économique, qui n'est pas surprenante, doit être anticipée d'un point de vue budgétaire sur le moyen terme par les collectivités qui souhaitent suivre les mêmes traces.

à fait logique pour ce type d'installation.
Ensuite, les sommes affectées par le syndicat aux actions de prévention des déchets ont augmenté entre 2010 et 2017[112].
Pourtant, ces deux évolutions cumulées ne se sont pas traduites par une flambée des prix pour les habitants de la région de Besançon, bien au contraire : la proportion des recettes fiscales dans le budget total a fortement diminué entre 2008 et 2017.

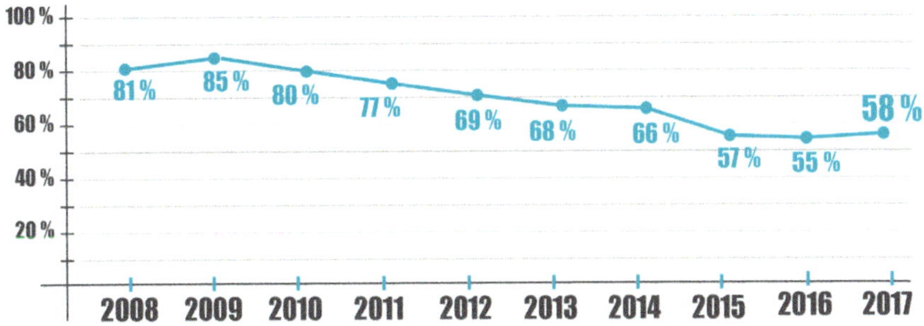

Part des contributions des adhérents dans les recettes globales de fonctionnement.

Source : Rapport d'activité du Sybert, 2017, p. 13.

Cette maîtrise des coûts s'explique d'une part par la réduction nette des tonnages à incinérer, qui compense largement l'augmentation du prix à la tonne en incinération. D'autre part, la mise en place de la tarification incitative et les politiques de prévention des déchets et d'incitation au compostage ont généré des économies nettes : les tonnages de déchets ainsi détournés représentent ensuite un coût nul, ou presque, pour la collectivité. Enfin, l'augmentation du tri a permis d'augmenter les soutiens financiers des éco-organismes, perçus par la collectivité pour la collecte des déchets recyclables. Si ces déchets continuent de représenter un coût, celui-ci est financé en partie par les éco-organismes et non pas par les habitants.

112. La contribution par habitant aux actions de prévention a augmenté en sept ans, passant de 0,45 €/habitant en 2010 à 1,12 € en 2017.

Créer des emplois localement

Les nombreuses études prospectives soulignent très largement l'immense potentiel en nouveaux emplois que pourrait receler une économie circulaire pleinement déployée. D'ores et déjà, France Stratégie évalue à environ 800 000 le nombre d'équivalents temps plein générés par l'économie circulaire au sens très large en France[113]. Pour sa part, le Bureau européen de l'environnement estime que d'ici 2030, l'adoption par l'Union européenne d'un Paquet économie circulaire ambitieux pourrait générer 867 000 nouveaux emplois au sein des États membres[114]. À un niveau plus local, l'Observatoire régional des déchets d'Île-de-France (Ordif) a pu établir des ratios d'emplois créés pour 10 000 tonnes de déchets traités, selon le type de traitement privilégié. Si les déchets sont triés et orientés vers le recyclage, le traitement de ces 10 000 tonnes nécessite 31 équivalents temps plein, là où l'incinération en requiert seulement trois et la mise en décharge, un seul[115]. Les activités de réemploi et de réparation font pour leur part bondir ce ratio à plusieurs centaines d'emplois[116] ! À budget égal, on peut donc conclure de ces chiffres que la démarche Zero Waste est plus « intensive en emplois » que la gestion des déchets traditionnelle.

Le fourmillement de projets liés au Zéro Déchet constitue un vivier de nouvelles activités à créer, en même temps que le nombre d'emplois dans l'exploitation des décharges et incinérateurs sera réduit. Ces emplois et activités sont à créer en partie au sein ou au service des collectivités locales : des collectivités comme Trévise (Italie) ou le Sybert, tout en ayant diminué ou stabilisé leurs coûts, ont vu leurs effectifs augmenter (à tout le moins, les agents « en régie »).

Des emplois supplémentaires seront créés du côté des structures privées et des services aux habitants, et autres acteurs économiques des territoires. Les exemples sont nombreux : ainsi de la jeune entreprise Jean

113. France Stratégie, « L'économie circulaire, combien d'emplois ? », note d'analyse n° 46, avril 2016.

114. European Environmental Bureau, *Advancing resource efficiency in Europe, Indicators and waste policy scenarios to deliver a resource efficient and sustainable Europe*, mars 2014.

115. Ordif, *Mieux gérer les déchets : une chance pour l'emploi ?*, avril 2013. Voir également Ordif, *Quel contenu en emploi direct et indirect dans le secteur des déchets en Île-de-France ? Données 2014*, juin 2018.

116. On peut faire un calcul plus précis de ce ratio notamment à partir des données de l'Observatoire des ressourceries.

Bouteille (solutions de vrac liquide et réutilisation des emballages), qui compte désormais 17 salariés et 2 apprentis, de Lamazuna (cosmétiques naturels sans emballage), qui compte une quarantaine d'employés, de Phénix (récupération d'invendus et solutions logistiques), qui a recruté une centaine de salariés, de Re-Belle (fabrication de confitures avec des invendus alimentaires), qui emploie 17 personnes dont 12 en parcours d'insertion, ou d'Oléo-Déclic (collecte et préparation d'huiles alimentaires usagées), qui a pu créer 3 postes salariés… Autant d'activités encore embryonnaires comparées au système établi, mais qui présentent un fort potentiel en emplois pour tous les territoires. Si l'on ajoute à cela la gestion séparée des biodéchets, le recours plus systématique à la réparation, la collecte et le réemploi des cartons usagers, la fabrication de cosmétiques sans emballages, l'ouverture massive d'épiceries vrac, vecteurs de dynamisme pour le commerce de proximité, le développement du réemploi des objets et textiles… On constate que le potentiel est là, et les collectivités ont un rôle à jouer pour créer les conditions et favoriser l'essor de ces activités localement (voir le chantier n° 9).

Conclusion

Bonne nouvelle : de nombreuses autres actions et des progrès encore plus impressionnants que ceux évoqués dans cet ouvrage sont à venir dans les prochaines années. Le parfait territoire Zero Waste, qui aurait mis en musique toutes les actions présentées plus haut et aurait récolté l'ensemble de leurs fruits, n'existe pas encore. Mais les résultats des territoires pionniers ouvrent des perspectives enthousiasmantes. Ils nous démontrent que la marge de manœuvre est grande, tant dans une combinaison d'actions ayant démontré chacune leur intérêt et leurs résultats, que dans l'approfondissement et la généralisation de celles-ci à l'ensemble d'un territoire.

Nous sommes convaincus que le prochain mandat municipal sera celui du Zero Waste. Le contexte réglementaire détaillé au fil de ce guide en témoigne : les objectifs fixés par la réglementation européenne ou nationale, tout comme l'évolution de la fiscalité qui viendra accroître considérablement le coût de la mise en décharge et de l'incinération à partir de 2021, plaident pour une remise à plat de la politique locale de gestion des déchets. Concrètement, les collectivités auront à initier des évolutions majeures de ce service public : tarification incitative, gestion séparée des déchets organiques, investissement massif dans les actions de prévention... Surtout, la crise environnementale, les craintes qu'elle inspire et les effets de plus en plus palpables qu'elle entraîne appellent à inventer et à développer rapidement des solutions au niveau local. À ce titre, la démarche Zero Waste, qui vise une consommation réduite de ressources et implique de relocaliser certaines activités ainsi que de se réapproprier collectivement certaines compétences ou connaissances (alimentation, réparation...), peut contribuer à la résilience d'un territoire dans un contexte de plus en plus instable et incertain.

L'application d'une politique Zero Waste constitue bien sûr un formidable défi dont chacun, en lisant cet ouvrage, peut mesurer l'ambition, les inconnues et les difficultés qui se dresseront sans nul doute sur la route. Mais ce défi est collectif et nous sommes aujourd'hui en mesure de le relever collectivement. Nous sommes nombreux à partager la vision et l'objectif Zéro Déchet, et quiconque voudrait initier le mouvement au niveau local pourra s'appuyer sur une foule anonyme de citoyens, porteurs d'initiatives, associations et techniciens convaincus et enthousiastes.

Entre 2014 et 2019, plusieurs centaines de commerces de proximité 100 % vrac ont ouvert, plusieurs dizaines de blogs et de livres dédiés aux solutions Zéro Déchet ont été créés ou publiés, près de 80 groupes locaux citoyens Zéro Déchet se sont constitués partout en France, et un nombre croissant de personnes souhaitent consacrer leur énergie et leurs compétences à la transition vers un monde plus soutenable. C'est incontestable : l'objectif de réduction de notre consommation de ressources et de notre production de déchets bénéficie aujourd'hui d'une formidable dynamique. Tout l'enjeu des prochaines années sera de transformer cette dynamique en politique publique susceptible d'engager le plus grand nombre dans l'aventure.

LISTE DES ACRONYMES UTILISÉS

Ademe : Agence de l'environnement et de la maîtrise de l'énergie

ASQA : Amendement sélectionné qualité attestée

CRC : Chambre régionale des comptes

CSR : Combustibles solides de récupération

DMA : Déchets ménagers et assimilés

ISDND : Installation de stockage de déchets non dangereux

NF : Norme française

OMR : Ordures ménagères résiduelles

Ordif : Observatoire régional des déchets d'Île-de-France

PET : Polyethylene terephtalate (type de plastique)

REFER : Réseau francilien du réemploi

REFIOM : Résidus d'épuration des fumées d'incinération d'ordures ménagères

REP : Responsabilité élargie des producteurs

Teom : Taxe d'enlèvement des ordures ménagères

TGAP : Taxe générale sur les activités polluantes

TI : Tarification incitative

TMB : Tri mécano-biologique

UVO : Unité de valorisation organique

ANNEXES

ANNEXE 1

À PROPOS DE L'ASSOCIATION ZERO WASTE FRANCE

Notre histoire

Le Centre national d'information indépendante sur les déchets (Cniid) a été créé en octobre 1997, à l'initiative d'associations locales ayant identifié le besoin crucial de porter, au niveau national, la parole des citoyens, collectifs et associations soucieux de la protection de l'environnement dans le domaine complexe et technique des déchets. Quelques années plus tard, l'association est agréée pour la protection de l'environnement. Depuis sa création, elle mène campagne en faveur d'une gestion écologique des déchets, notamment grâce à leur réduction à la source – en quantité et en toxicité – et à leur détournement de l'incinération et de la mise en décharge.

S'inspirant d'actions qui ont fait leurs preuves en Europe, le Cniid lance à son tour la démarche Zero Waste en France, le 1er février 2014. Le 25 juin 2014, l'assemblée générale extraordinaire du Cniid valide le changement de nom de l'association, qui devient donc officiellement Zero Waste France. Aujourd'hui, l'association compte plus de 2 200 adhérents et 80 groupes locaux qui s'investissent pour faire progresser la démarche Zero Waste.

Nos missions

En décryptant les enjeux environnementaux, sanitaires et économiques liés aux déchets, Zero Waste France diffuse une information indépendante auprès des citoyens, des décideurs et des entreprises pour faire connaître les moyens de prévention des déchets et les modes de gestion les plus écologiques. Zero Waste France milite pour une législation protectrice de l'environnement et de l'intérêt collectif à travers son activité de plaidoyer auprès des élus, locaux comme nationaux : il s'agit de faire connaître la vision globale et les propositions de l'association aux décideurs et de faire évoluer le cadre réglementaire de la gestion des déchets.

Zero Waste France a également pour mission de susciter, soutenir et outiller la mobilisation citoyenne et les initiatives entrepreneuriales pour favoriser l'action et les progrès au niveau local. Relais de la vigilance citoyenne, Zero Waste France a enfin pour mission d'alerter, grâce à sa liberté de parole, les acteurs privés et publics sur les choix ou les pratiques ayant des impacts dommageables pour l'environnement.

Un mouvement citoyen international

Un peu partout à travers le monde, des collectifs citoyens bataillent en faveur d'une réduction, urgente, des déchets. Le mouvement citoyen Zero Waste prend ainsi ses racines au sein du réseau international Global Alliance for Incinerator Alternatives (Gaia), qui rassemble près de 800 associations et collectifs dans plus de 90 pays. Depuis plusieurs années, nombre de ces organisations mettent en œuvre, soutiennent et documentent des démarches Zero Waste. Le réseau Gaia a publié en 2012 une compilation de ces retours d'expérience, *On the Road to Zero Waste*[117] (« Sur la route du Zero Waste »), qui illustre le lien direct entre les combats locaux menés par ces organisations et leur défense des solutions de remplacement rassemblées sous la bannière Zero Waste : tri à la source pour compostage et recyclage, consigne, vente en vrac, etc.

---

117. Cette plaquette est disponible sur le site de Gaia : www.no-burn.org

Un ADN militant

Parmi les figures clés de Gaia comme du mouvement Zero Waste, on compte la militante écologiste américaine Annie Leonard, à l'origine d'une série de films de sensibilisation qui ont fait le tour du monde[118], le professeur Paul Connett, auteur du livre *The Zero Waste Solution*[119], ou Rossano Ercolini, qui a lancé Zero Waste en Italie. Le mouvement est particulièrement dynamique en Europe, grâce à la coordination de l'association Zero Waste Europe, qui permet aux organisations régionales et nationales de se rencontrer régulièrement et de monter des projets communs. Chacune de ces organisations reste totalement indépendante (il ne s'agit pas d'une fédération), mais les échanges et la coopération sont favorisés par l'association.

118. Elle a notamment écrit avec Jonah Sachs *The Story of Stuff*, réalisé par Louis Fox en 2007.

119. Paul Connett, *The Zero Waste Solution*, Chelsea Green, 2013.

ANNEXE 2

RESSOURCES POUR ALLER PLUS LOIN

LES SITES RESSOURCES

Zero Waste France, le site de l'association, pour retrouver des articles d'actualités, des analyses et des outils pratiques : www.zerowastefrance.org. Et, notamment, le répertoire des entrepreneurs de Zero Waste France : www.zerowastefrance.org/nos-outils/repertoire-des-entrepreneurs

Ademe, la rubrique déchets de la médiathèque de l'Ademe, qui contient de nombreux rapports, études, synthèses, et les « chiffres-clés » des déchets : www.ademe.fr/mediatheque

Optigede, une plateforme d'échanges et de diffusion d'outils et de retours d'expérience sur la prévention et la gestion des déchets, destinée aux collectivités et aux entreprises : www.optigede.ademe.fr

Société urbaine et déchets, réseau de recherches en sciences sociales sur les déchets : www.sud.hypotheses.org

Biodéchets.org, un site qui compile informations techniques, ressources et retours d'expérience sur la question du tri et de la valorisation des déchets organiques : www.biodechets.org

Alterjure, le blog du juriste militant, des décryptages réguliers de l'actualité réglementaire et juridictionnelle : www.alterjure.wordpress.com

Rien de neuf, le site du Défi Rien de neuf, pour découvrir les initiatives et les solutions existantes en matière de réemploi, de seconde main et de réparation : www.riendeneuf.org

LES ACTEURS DE RÉFÉRENCE

Réseau Compost Citoyen, le réseau des acteurs du compostage de proximité : www.reseaucompost.org

Réseau Compostplus, réseau national de collectivités pour la collecte et la valorisation des biodéchets : www.compostplus.org

Réseau Consigne, le réseau d'entraide des porteurs de projets, collectivités, professionnels et associations de la consigne pour la réutilisation des emballages en France : www.reseauconsigne.com

Réseau Vrac, le réseau des acteurs économiques actuels et futurs (porteurs de projets) de la vente en vrac (produits non pré-emballés – sans emballages jetables) : www.reseauvrac.org

RCube, la fédération des acteurs professionnels de la réduction, du réemploi et de la réutilisation : www.rcube.org

Le Réseau des acteurs franciliens du réemploi : www.reemploi-idf.org

Le Réseau des groupes locaux de Zero Waste France : www.zerowastefrance.org/lassociation/groupes-locaux

Zero Waste Europe, qui rassemble les organisations européennes œuvrant pour le déploiement de stratégies Zero Waste : www.zerowasteeurope.eu

Le réseau Prévention déchet de France Nature Environnement, présent dans toutes les régions : www.preventiondechets.fne.asso.fr

Les Initiatives océanes, un programme de Surfrider Foundation Europe, pour réfléchir à la problématique des déchets aquatiques au travers de l'éducation, de la science participative et du lobby : www.initiativesoceanes.org

LES SUPPORTS POUR COMPRENDRE LES ENJEUX ET SENSIBILISER

La chaîne Youtube de Zero Waste France, une sélection de vidéos pour comprendre les enjeux environnementaux, économiques et sociaux qui se cachent derrière les déchets : www.urlz.fr/2Dp7

Story of Stuff ou « l'histoire des objets », la série de vidéos d'Annie Leonard, avec sous-titrage disponible en français : www.youtube.com/watch?v=9GorqroigqM

Les guides pratiques Zero Waste France – « Mon campus Zéro Déchet », « Mon événement Zero Waste », « Mon commerçant m'emballe durablement : idées et conseils pour mettre en place des actions à fort impact » : www.zerowastefrance.org/nos-outils/publications

REMERCIEMENTS

Cet ouvrage a bénéficié de l'expertise et de l'expérience réunies par les permanents, les bénévoles et les groupes locaux de l'association Zero Waste France qui, par leur engagement quotidien, contribuent à faire progresser la démarche « Zéro Déchet, zéro gaspillage » dans les territoires.

Pour leur aide précieuse à construire les verbatims de cet ouvrage, nous remercions en particulier Thomas Colin, Alexandre Garcin, Jean-Damien Grassias, Antoinette Guhl, Jean Révéreault, Camille Rognant, Étienne Vitré… Bien sûr, nous tenons également à remercier les élus, agents, responsables associatifs et responsables d'entreprises qui nous ont accordé du temps pour répondre à nos questions et partager leur expérience avec sincérité et enthousiasme.

Merci également à Jörg Adamczewski, Pauline Imbault et à nos autres relecteurs, qui ont parcouru cet ouvrage avec un œil attentif et bienveillant.

Nous remercions enfin les éditions Rue de l'échiquier pour leur confiance sur ce nouvel ouvrage, et notamment Marie Hermann pour ses relectures dans un délai restreint et Réjane Tardy pour son travail sur les infographies.

Crédits photographiques
DR, p. 19 ; © Laura Châtel, p. 25, 67, 71g ; © Thibault Turchet, p. 25, 33 ; Stefano Borghi, p. 38, © SMICVAL p. 59-60 ; © Moulinot, p. 70 ; © Hugo Meslard-Hayot, p. 71d ; © Janek Vahk, p. 71g ; © ParmaPress24, p. 74-75 ; © Ville de San Francisco, p. 128 ; Grand-Besançon, p. 132.

Infographies
Réjane Tardy

Couverture
Thierry Sestier

Conception graphique et mise en page
Thierry Sestier et Pascaline Charrier

Relecture
Florent Paillery

Coordination éditoriale
Marie Hermann

Le papier de cet ouvrage – UPM-KYMMENE Edixion 120 g – est composé de fibres naturelles, renouvelables, recyclables et fabriquées à partir de bois provenant de forêts gérées durablement.

N° d'impression : N18483190603
Imprimé en France par la Sepec en juin 2019